高等职业教育"十二五"课程改革规划教材

建筑工程测量实训

主　编　杨凤华
副主编　赵　昕　张　营
参　编　张丽丽　王怀海　于清善　张建国
主　审　肖明和　杨　勇

北京理工大学出版社
BEIJING INSTITUTE OF TECHNOLOGY PRESS

内 容 提 要

本书以施工顺序项目教学法为主导，以工学结合为主模拟施工流程、安排实训项目，主要内容包括工程控制测量，施工现场定位、放线，基础施工测量，主体施工测量等，系统、完整地完成了一个高层建筑施工测量实训。本书除附有大量工程案例外，还突出了各项施工测量任务之间的链接。通过对本书的学习，学生可以掌握建筑工程测量施工方法和各种施工现场测量仪器的操作技能，具备高层建筑施工测量及各种工程测量的能力。

本书既可作为高职高专院校建筑工程类相关专业的实训教材和指导书，也可作为土建施工类及工程管理类各专业职业资格考试的培训教材，还可作为备考春季高考、从业和执业资格考试人员的实训教材。

版权专有　侵权必究

图书在版编目（CIP）数据

建筑工程测量实训/杨凤华主编. —北京：北京理工大学出版社，2014.9(2019.7重印)
ISBN 978-7-5640-9737-0

Ⅰ.①建… Ⅱ.①杨… Ⅲ.①建筑测量－高等学校－教材 Ⅳ.①TU198

中国版本图书馆CIP数据核字(2014)第209440号

出版发行 / 北京理工大学出版社有限责任公司
社　　址 / 北京市海淀区中关村南大街5号
邮　　编 / 100081
电　　话 / (010)68914775(总编室)
　　　　　 (010)82562903(教材售后服务热线)
　　　　　 (010)68948351(其他图书服务热线)
网　　址 / http://www.bitpress.com.cn
经　　销 / 全国各地新华书店
印　　刷 / 河北鸿祥信彩印刷有限公司
开　　本 / 787毫米×1092毫米　1/16
印　　张 / 10.5　　　　　　　　　　　　　　　责任编辑 / 张慧峰
字　　数 / 214千字　　　　　　　　　　　　　文案编辑 / 张慧峰
版　　次 / 2014年9月第1版　2019年7月第4次印刷　责任校对 / 孟祥敬
定　　价 / 29.00元　　　　　　　　　　　　　责任印制 / 边心超

前 言 PREFACE

本书以施工顺序项目教学法为主导，以最新工程测量标准规范为依据，结合大量工程实例，安排了各种常规测量仪器的实训任务，并详细安排了目前高层建筑及各类工程建设中最新仪器的学习与使用。本书除附有大量工程案例外，还突出了各项施工测量任务的链接。此外，还附有经典习题、能力提高测试题等供学生练习。

本书内容可按66～120学时安排，推荐学时分配：第二部分50～60学时，第三部分30～40学时。教师可根据不同的专业灵活安排学时，随堂实训主要为第二部分，按中华人民共和国教育部对职业类院校实习实训的要求，不得少于总课时的50%。工程类课程结束后要有1～2周的工程综合实训，即第四部分，是学生模拟施工现场实训，目的是使学生能够到施工现场与施工零距离接触。

本书由济南工程职业技术学院杨凤华担任主编并统稿，济南工程职业技术学院赵昕、张营担任副主编，济南工程职业技术学院张丽丽、济南市工程建设标准定额站王怀海、山东正元建设工程有限责任公司于清善和张建国参编，济南工程职业技术学院肖明和、杨勇审稿并定稿。感谢山东正元建设工程有限责任公司、广州南方测绘仪器有限公司济南地区分公司、济南四建（集团）有限责任公司、济南一建集团总公司的大力支持。

本书在编写过程中参考和引用了国内外大量文献资料，在此谨向原作者表示衷心的感谢。由于编者水平有限，书中难免存在不足和疏漏之处，敬请各位读者批评指正。

编　者

目 录 CONTENTS

第一部分　建筑工程测量实训规定

第二部分　单项实训任务指导

第四部分 工程测量应用实训任务

第一部分
建筑工程测量实训规定

一、测量实训的程序规则

(1)实验课前，应认真预习实验指导书和复习教材中的相关内容，明确实验目的、要求、操作方法和步骤以及注意事项，以保证按时完成实验任务。

(2)实验以小组为单位进行，小组长负责组织和协调实验工作，负责按规定办理所用仪器和工具的领借与归还手续，并检查所领借的仪器和工具与实验用的是否一致。

(3)实验过程中，每个人都必须认真、仔细地按照操作规程操作，遵循测量仪器的管理规定，遵守纪律、听从指挥，培养独立工作能力和严谨的科学态度。全组人员应互相协作，各工种或工序应适当轮换，充分体现团队精神。

(4)实验应在规定的时间和地点进行，不得无故缺席、迟到或早退，不得擅自改变实验地点或离开现场。

(5)测量数据应用正楷文字及数字记入规定的记录手簿中，书写应工整、清晰，不可潦草。记录时应用 2H 或 3H 铅笔。记录数据应随观测、随记录，并向观测者复诵数据，以免记错。

(6)测量数据不得涂改和伪造。若发现记录数字有错误或观测结果不合格，不得涂改，也不得用橡皮擦拭，而应用细横线画去错误数字，在原数字上方写出正确数字，并在备注栏内说明原因。测量记录禁止连续更正数字(如黑、红面尺读数；盘左、盘右读数；往、返量距结果等)，否则应予重测。

(7)记录手簿规定的内容应完整、如实填写。草图绘制应形象清楚、比例适当。数据运算应根据小数所取位数，按"四舍六入，五单进双不进"的规则凑整。

(8)在交通频繁地段实验时，应随时注意来往的行人与车辆，确保人员及仪器设备的安全，杜绝意外事故发生。

(9)根据观测结果，应当场做必要的计算，并进行必要的成果检验，以确定观测成果是否合格，是否需要进行重测。应该当场编制的实验报告必须现场完成。

(10)实验过程中或实验结束后，若发现仪器或工具损坏或丢失，应及时报告指导教师，同时要查明原因，视情节轻重按规定予以赔偿和处理。

(11)实验结束后，应提交书写工整、规范的实验报告给指导教师批阅，经教师认可后方可清点仪器和工具，做必要的清洁工作，将仪器、工具交还仪器室，经验收合格后，结束实验。

二、测量实验室操作规程

按照仪器设备类型、用途的不同，可将其分为量距工具、光学仪具、电子类仪器。不同仪器、工具各有其不同的操作规程和注意事项。

(1)量距工具。直接进行量距的工具主要是 50 m 钢尺，30 m 皮尺，5 m、3 m、2 m 小钢尺。钢尺易生锈，使用完要及时擦拭黄油，以免生锈钢尺拉不出或注记损害。使用时，不要完全拉出，以免钢尺脱开，造成损坏。

（2）光学仪具。它包括经纬仪（DJ2、DJ6 型）、水准仪（DS3 型，自动安平）、小平板仪。经纬仪、水准仪粗略整平时，脚螺旋运动方向与左手大拇指运动方向一致，螺旋不能过高或过低，以免损坏脚螺旋。使用过程中，一定要保证在松开制动螺旋情况下转动望远镜、照准部，以免损坏仪器横轴、竖轴。特别要注意的是，要保护好仪器，不能摔坏，这也适用于电子类仪器。

（3）电子类仪器。它主要包括电子经纬仪、全站仪、激光经纬仪、GPS 接收机。其安置方法与光学仪具大致相同，但要注意充电。全站仪、GPS 接收机是测量的重要设备，须在指导教师指导下操作使用。

三、测量仪器的借领与归还规定

1. 借领

(1)由指导教师或实习班级的课代表带着实习计划和分组表，到仪器室以实验小组为单位借用测量仪器和工具，按小组编号，在指定地点向测量实验室人员办理借用手续。

(2)领取仪器时要按分组表顺序，由仪器室教师向各小组长发放仪器，在发放仪器时要把每个部件的螺旋转动给小组长看，以证明仪器各部件完好，然后松开各制动螺旋放回仪器箱。最后，由小组长签字领取。

(3)一般由课代表发放其他工具，如三脚架、水准尺、标杆等。在发放三脚架时要注意三脚架的固定螺旋是否能拧紧、是否与仪器配套，并当场清点仪器、工具及其附件是否齐全，确认无误后方可离开仪器室。

(4)搬运仪器前，必须检查仪器箱是否锁好；搬运时必须轻取轻放，避免强烈振动和碰撞。

(5)实验室中的一切物品未经同意和备案不得带离实验室，违者除追回物品外，还要批评教育，丢失要赔偿。

2. 归还

(1)实验结束后，应及时收装仪器、工具，清除接触土地的部件（脚架、尺垫等）上的泥土，送还仪器室检查验收。如有遗失和损坏，应写出书面报告说明情况，进行登记，并按照有关规定赔偿。

(2)仪器应由检验教师检验各部件功能完好并点清后，由小组长签字并交还仪器室，待全部归还，再由指导教师或课代表签字后方可离开。

四、仪器、工具丢失与损坏赔偿规定

(1)加强仪器设备管理。为增强全校师生员工爱护国家财产的责任心，加强仪器设备管

理，维护仪器设备的完整、安全和有效使用，避免损坏和丢失，以保证教学、科研的顺利进行，特制定以下规定：

1）使用、保管单位和全校师生员工应自觉遵守学院有关规章制度，遵守仪器设备安全操作规程，做好经常性的检查维护工作，严格岗位责任制。

2）仪器设备发生损坏和丢失的，应主动保护现场，报告单位领导、保卫处。要迅速查明原因，明确责任，提出处理意见，按管理权限报请审批。

（2）由于下列原因造成仪器设备丢失和损坏的，均属责任事故：

1）不遵守规章制度，违反操作规程；

2）未经批准擅自动用、拆卸造成损失；

3）领取仪器后操作时不负责任，离开仪器现场及严重失职造成仪器摔坏；

4）主观原因不按操作规程操作造成仪器部件损坏或严重损失。

（3）凡属责任事故，均应赔偿经济损失。损失价值的计算方法如下：

1）损坏部分零部件的，按修理价格赔偿；

2）修复后质量、性能下降的，按质量情况计算损失价值；

3）部分零件摔坏的，按修理价格赔偿，并按折旧价计算赔偿价值；

4）丢失、严重摔坏仪器的，应照价赔偿。

（4）赔偿经济损失。

1）根据情节轻重、责任大小、损失程度酌情确定，并可给予一定的处分。责任事故的处理应体现教育与惩罚相结合，以教育为主的原则。

2）事故赔偿费由学校财务处统一收回，按规定使用。

五、注意事项

测量仪器属于比较贵重的设备，尤其是目前测量仪器向精密光学、电子化方向发展，其功能日益先进，价值也更昂贵。测量仪器的正确使用、精心爱护和科学保养，是从事测量工作的人员必须具备的素质和应该掌握的技能，也是保证测量成果的质量、提高工作效率、发挥仪器性能和延长仪器使用年限的必要条件。

（1）携带仪器时，注意检查仪器箱是否扣紧、锁好，提环、背带是否牢固，远距离携带仪器时，应将仪器背在肩上。

（2）开箱时，应将仪器箱放置平稳，记清仪器在箱内的安放位置，以便用后按原样装箱。提取仪器或持仪器时，应双手持握仪器基座或支架部分，严禁手提望远镜及易损的薄弱部位。安装仪器时，应首先调节好三脚架高度，拧紧架腿伸缩锁定螺栓；一手握住仪器，一手拧连接螺旋，使仪器与三脚架牢固连接。仪器取出后，应关好仪器箱，仪器箱上严禁坐人。

（3）作业时，严禁无人看管仪器。观测时应撑伞，严防仪器日晒、雨淋。对于电子测量仪器，在任何情况下均应撑伞防护。若发现透镜表面有灰尘或其他污物，应用柔软的清洁刷或镜头纸清除，严禁用手帕、粗布或其他纸张擦拭，以免磨损镜面。观测结束后应及时套上物镜盖。

（4）各制动旋钮勿拧得过紧，以免损伤；转动仪器时，应先松开制动螺旋，然后平稳转动；脚螺旋和各微动旋钮勿旋至尽头，即应使用中间的一段螺纹，防止失灵。仪器发生故障时，不得擅自拆卸；若发现仪器某部位呆滞难动，切勿强行转动，应交给指导教师或实验管理人员处理，以防损坏仪器。

（5）仪器的搬站。近距离搬站时，应先检查连接螺旋是否牢靠，放松制动螺旋，收拢脚架，一手握住脚架放在肋下，一手托住仪器，放置胸前小心搬移，严禁将仪器扛在肩上，以免碰伤仪器。若距离较远或有难行地段，必须装箱搬站。对于电子经纬仪，必须先关闭电源，再行搬站，严禁带电搬站。搬站时，应带走仪器所有附件及工具等，防止遗失。

（6）仪器的装箱。实验结束后，仪器使用完毕，应清除仪器上的灰尘，套上物镜盖，松开各制动螺旋，将脚螺旋调至中段并使之大致等高，一手握住仪器支架或基座，一手松连接螺旋使其与脚架脱离，双手从脚架头上取下仪器。仪器装箱时，应放松各制动螺旋，按原样将仪器放回；确认各部分安放妥帖后，再关箱扣上搭扣或插销，上锁。最后，清除箱外的灰尘和三脚架上的泥土。

六、测量工具的使用

（1）使用钢尺时，应使尺面平铺地面，防止扭曲、打结和折断，防止行人踩踏或车辆碾压，尽量避免尺身沾水。量好一尺段再向前量时，必须将尺身提起离地，携尺前进，不得沿地面拖尺，以免磨损尺面分划甚至折断钢尺。钢尺用毕，应将其擦净并涂油防锈。

（2）皮尺的使用方法基本上与钢尺的使用方法相同，但量距时使用的拉力应小于钢尺，皮尺沾水的危害更甚于钢尺，皮尺如果受潮，应晾干后再卷入盒内，卷皮尺时切忌扭转卷入。

（3）使用水准尺和标杆时，应注意防止受横向压力作用、竖立时倒下、尺面分划受磨损。标尺、标杆不得用作担抬工具，以防弯曲变形或折断。

（4）小件工具（如垂球、测钎、尺垫等）用完即收，防止遗失。

（5）所有测量仪器和工具不得用于其他非测量的用途。测量仪器大多属精密仪器，谨防倒置、碰撞、振动，切记要轻拿轻放，谨防失手落地。

七、成绩考核办法——"三位一体"项目过程阶段性综合考核＋期末理论考核

（1）具体实施如下：

1）考核项目一、水准测量：总成绩的 20％。

闭合（或往返）水准测量及成果计算 100×20％＝20（分）。

以小组为团队协作考核(4～5 人)。

2)考核项目二、经纬测量：总成绩的 30％。

经纬仪角度测量 100×30％＝30(分)。

单人竞赛式考核，一测回水平角观测；小组与小组、班级与班级间展开竞赛考核。

3)考核项目三、全站仪：总成绩的 30％。

全站仪坐标放样(施工定位、放线、检核)100×30％＝30(分)。

以小组为团队协作考核(4～5 人)。

4)考核项目四、施工测量方法：总成绩的 10％。

高程传递、基坑抄平 100×10％＝10(分)。

以小组为团队协作考核(4～5 人)。

5)考核项目五、16 周随堂理论考核：总成绩的 10％。

技能鉴定测量员取证(理论)考试题 100×10％＝10(分)。

(2)一周的建筑工程测量实训包括如下内容：

模拟施工现场：

建筑物控制测量——平面、高程控制测量。

导线控制测量——平面、高程控制测量。

校园地形图控制测量——平面、高程控制测量。

建筑的施工放线——5 m×5 m 和 5 m×4 m 的两个卧室。

高程传递——以校园为±0.000 标高线，向上传递两层，测设出 0.5 m 线。每层 0.5 m 线抄平不少于两个点。

建筑的垂直度——教学楼的垂直度。

竖直角观测——学院校标。

第二部分

单项实训任务指导

项目一　水准测量

建筑工程测量在工程建设施工过程中具有重要的意义和作用。其中，水准测量贯穿了建筑工程测量的始终，其目的是确保建筑物施工质量，保证建筑物的安全运行及使用。

1.1　DS3 型水准仪的认识与使用实训

1.1.1　水准仪的使用方法及步骤

1. 三脚架的安置

方法一：将水准仪安置在前后视距大约相等的测站中间点上，即前后视尺连线的垂直平分线上，松开三个架脚的固定螺旋，提起架头使三个架脚的架腿一样高，拧紧三个架脚的固定螺旋，打开三脚架使架头水平（图 2-1-1）。打开仪器箱安置水准仪。

方法二：如在松软的施工现场，通常是先将脚架的两条架腿取适当高度位置安置好，脚踏铁脚插入地面，然后松开第三只架腿的固定螺旋调节架腿长度使架头大致水平。如果地面比较坚实，如在公路上、城镇中有铺装面的街道上等，可以不用脚踏。当地面倾斜较大时，应将三脚架的一个脚安置在倾斜方向上，将另外两个脚安置在与倾斜方向垂直的方向，这样可以使仪器比较稳固。

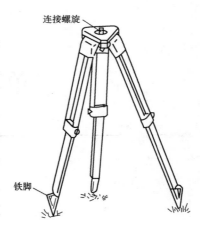

图 2-1-1

2. 粗平

粗平：转动脚螺旋使圆水准器的气泡居中。

气泡运动规律：气泡移动方向与左手大拇指旋转方向一致。

操作规律一：用两手分别以相对方向转动两个脚螺旋，此时气泡移动方向与左手大拇指旋转方向一致（原理：两手相对运动右手大拇指转动脚螺旋降低，左手大拇指转动脚螺旋升高，气泡永远往高的方向跑），如图 2-1-2（a）所示。然后，再转动第三个脚螺旋使气泡居中，如图 2-1-2（b）所示。

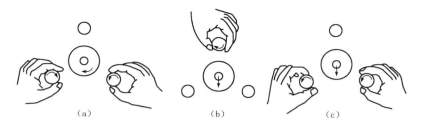

(a) (b) (c)

图 2-1-2

操作规律二：实际操作时，也可以不转动第三个脚螺旋，而是以相同方向、同样速度转动原来的两个脚螺旋使气泡居中（原理：使两个脚螺旋同时升或降，以使气泡居中），如图 2-1-2(c)所示。操作熟练后，可不必将气泡的移动分解为两步，而是转动两个脚螺旋，直接使气泡居中。

3. 照准、调焦

眼睛通过照门与准星连成一条直线瞄准目标，调节目镜使十字丝清晰，转动物镜调焦螺旋至成像清晰。转动望远镜微动螺旋，使十字丝的竖丝对准水准尺的中间，指挥水准尺竖直、精平，读取读数。

操作规律：手持望远镜固定螺旋，转动望远镜，眼睛通过照门与准星连成一条直线瞄准目标，制动固定螺旋。

目镜调焦规律：将望远镜照准白墙或白纸，转动目镜对光螺旋使十字丝清晰。

【注意】

(1)视差：成像未落到十字丝平面网上。

(2)消除视差：反复调节目镜、物镜对光螺旋，使成像落到十字丝平面网上。

4. 精平

调节微倾螺旋使水准管气泡的两半边影像重合，即水准管气泡居中，使视准轴精确水平。

操作规律：在转动微倾螺旋前，先侧头看水准管，再转动微倾螺旋使水准管气泡大致跑到中间，然后再闭上一只眼睛看水准管的观测窗，微微转动微倾螺旋使气泡的两半边影像重合。此时，视准轴水平，通过眼睛射出的是一条水平射线。

【注意】

(1)当气泡大致居中时，眼睛看观测窗中的气泡影像，螺旋旋转的方向与左边气泡移动方向相同。

(2)由于气泡的移动有惯性，所以转动微倾螺旋的速度不能快，特别是在符合水准器的两端气泡影像将要对齐时尤其应注意。只有当气泡已经稳定不动而又居中时才达到精平的目的。

5. 读数

在每次读数前必须精平，然后即可在水准尺上读取读数。为了保证读数的准确性，应用双面尺法。

一般习惯报四位数字，即米、分米、厘米、毫米，并且以毫米为单位，如 1.367 m 报 1367，0.068 m 报 0068。

1.1.2 实训报告

根据实训组织、任务、步骤认真填写水准测量实训报告一。

1.1.3 注意事项

(1)掌握操作要领，尤其是对于水准仪操作过程中的安置仪器及仪器整平，要反复练习，熟练掌握，以提高工作效率。

(2)正确使用仪器各部分螺旋，应注意不能用力强拧螺旋，以防损坏。

(3)读数前必须消除视差，并使符合水准管气泡居中，注意水准尺上标记与分划的对应关系，避免读数发生错误。

(4)按要求认真完成实训任务，不得出现相同测量数据。

(5)注意保护仪器，禁止拿着仪器追逐打闹，并按时交还仪器。

(6)遵守实训纪律，注意人身安全。选取实训场地时，远离马路及人流较多的场所。

【提高能力测试题】

根据下表所列观测资料，计算高差及其总和，并对总和进行分析讨论。

测站	点名	后视读数 /m	前视读数 /m	高差 /m	分析 $\sum h$
1	$BM_A － TP_1$	1.266	1.212		
2	$TP_1 － TP_2$	0.746	0.523		
3	$TP_2 － TP_3$	0.578	1.345		
4	$TP_3 － BM_A$	1.665	1.126		
校核	$\sum a － \sum b =$			$\sum h =$	

1.2 普通水准路线测量实训

1.2.1 实训基本知识

进行连续水准测量时，若其中任何一个后视或前视读数有错误，都会影响高差的正确性。对于每一测站而言，为了校核每次水准尺读数有无差错，可采用变动仪器高法或双面尺法进行测站检核。

(1)变动仪器高法。变动仪器高法是在同一测站通过调整仪器高度(即重新安置与整平仪器，仪器改变高度约 10 cm)，两次测得高差，或者用两台水准仪同时观测，如果两次测得高差的差值不超过容许值(如等外水准测量容许值为±6 mm)，则取两次高差平均值作为该站测得的高差值。否则，需要检查原因，重新观测。

(2)双面尺法。双面尺法是在同一个测站上，仪器高度不变，而立在前视点和后视点上的水准尺分别用黑面和红面各进行一次读数，两次测得的高差互相检核，若同一水准尺红面与黑面(加常数后)之差在 3 mm 以内，且黑面高差 $h_黑$ 与红面高差 $h_红$ 之差不超过±5 mm，则取黑、红面高差平均值作为该站测得的高差值。否则，需要检查原因，重新观测。

【注意】

在一测站观测完后，前视尺一定不要动，原地反转尺子，因为此点起着传递高程的作用。前视尺如果动了，就起不到传递高程的作用，后面求出来的高程都是错误的。

1.2.2 实训任务

任务一：

模拟施工踏勘现场。了解现场情况，对业主给定的现场高程控制点进行查看和检核，即完成根据教师给定的已知水准点观测待定水准点的高程任务。观测过程中每个测段至少取三个转点，至少观测三个待定高程点。要求每人至少观测一测站。

(1)实训时间 6 课时，随堂实训；

(2)4～5 人为一组，选一名小组长，小组长负责仪器领取、保管及交还；

(3)仪器工具：DS3 型水准仪和自动安平水准仪各 1 台、水准尺 2 把及三脚架 2 个。

【注意】

(1)起点位置要做好标记。

(2)观测中要按顺序随时将观测数据记录在记录表中，以免混乱。

任务二：

1. 内业计算的方法及意义

普通水准测量外业观测结束后，首先应复查与检核记录手簿，计算各点间高差。经检核无误后，根据外业观测的高差计算闭合差。若闭合差符合规定的精度要求，则调整闭合差，最后计算各点的高程。

按水准路线布设形式进行成果整理，其内容包括：

(1)水准路线高差闭合差的计算与校核；

(2)高差闭合差的分配和改正后的高差的计算；

(3)计算各点改正后的高程。

不同等级的水准测量，对高差闭合差的容许值有不同的规定。等外水准测量的高差闭合差容许值为：

对于普通水准测量，有：$\begin{cases} f_{h容} = \pm 40\sqrt{L}（适用于平原区）\\ f_{h容} = \pm 12\sqrt{n}（适用于山区）\end{cases}$

式中　$f_{h容}$——高差闭合差限差，mm；

　　　L——水准路线长度，km；

　　　n——测站数。

在山丘地区，当每公里水准路线的测站数超过 16 站时，容许高差闭合差可用下式计算：$f_{h容} = \pm 12\sqrt{n}$（n 为水准路线的测站总数）。

施工中，如设计单位根据工程性质提出具体要求，应按要求精度施测。

2. 水准路线

(1)附合水准路线。

$$f_h = \sum h_测 - \sum h_理 = \sum h_测 - (H_终 - H_始)$$

(2) 支水准路线。

$$f_h = \sum h_往 + \sum h_返$$

(3) 闭合水准路线。

$$f_h = \sum h_测 - \sum h_理 = \sum h_测$$

【注意】

(1)附合水准路线适用于狭长区域布设。

(2)闭合水准路线适用于开阔区域布设。

(3)支水准路线适用于补充测量。

3. 闭合水准路线的观测及成果计算

(1)计算闭合差。

(2)检核。

$$f_h \leqslant f_{h允}$$

(3) 计算高差改正数。

$$v_i = -\frac{f_h}{\sum l} \cdot l_i \ 或 \ v_i = -\frac{f_h}{\sum n} \cdot n_i$$

(4) 计算改正后高差。

$$h_{改} = h_i + v_i$$

(5) 计算各测点高程。

$$H_i = H_{i-l} + h_{改}$$

1.2.3 实训目的和要求

1. 实训目的

(1)掌握普通水准测量的观测、记录及校核计算的方法。

(2)学会选择布设不同形式的水准路线。

(3)能够应用水准测量方法进行施工现场水准点的引测。

(4)具有独立完成施工现场测量任务的能力。

2. 实训要求

按照课时安排、任务分配、仪器工具填写水准测量实训报告二。

1.2.4 注意事项

(1)在施测过程中,应严格遵守操作规程。观测、记录、扶尺一定要互相配合好,才能保证测量工作顺利进行。记录应在观测读数后,一边复诵校核,一边立即记入表格,及时算出高差。

(2)放置水准仪时,尽量使前、后视距相等。

(3)每次读数时水准管气泡必须居中。

(4)观测前,仪器都必须进行检验和校正。

(5)读数时水准尺必须竖直,有圆水准器的尺子应使气泡居中;读数后,记录者必须当场计算,测站检核无误方可搬站。

(6)尺垫顶部和水准尺底部不应沾带泥土,以降低对读数的影响;仪器搬站时,要注意不能碰动转点上的尺垫。

(7)前、后视线长度一般不超过 100 m,视线离地面高度一般不应小于 0.3 m。

1.3 水准仪的检验与校正

1.3.1 水准仪的主要轴线及其应满足的条件

如图 2-1-3 所示，水准仪有四条主要轴线，即望远镜的视准轴 CC、水准管轴 LL、圆水准器轴 $L'L'$、仪器的竖轴 VV。各轴线应满足的几何条件是：

(1)水准管轴 LL // 视准轴 CC。当此条件满足时，水准管气泡居中，水准管轴水平，视准轴处于水平位置。

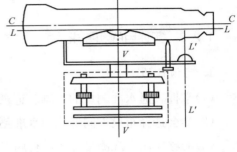

(2)圆水准器轴 $L'L'$ // 竖轴 VV。当此条件满足时，圆水准器气泡居中，仪器的竖轴处于垂直位置，这样仪器转动到任何位置圆水准器气泡都居中。

图 2-1-3

(3)十字丝垂直于竖轴，即十字丝横丝要水平。这样，在水准尺上进行读数时，可以用丝的任何部位读数。

以上条件在仪器出厂前已经严格检校都是满足的，但是由于仪器长期使用和运输中的振动等原因，可能使某些部件松动，导致上述各轴线间的关系发生变化。因此，为保证水准测量质量，在正式作业前，必须对水准仪进行检验与校正。

1.3.2 水准仪的检验与校正

1. 圆水准器的检验与校正

目的：使圆水准器轴平行于竖轴，即 $L'L'$ // VV。

要求：掌握检验，了解校正。

方法：

(1)整平：转动脚螺旋使圆水准器气泡居中。

(2)检验与校正：将仪器绕竖轴转动 180°，如气泡仍然居中，说明圆水准器轴平行于竖轴，即 $L'L'$ // VV 条件满足，无须校正，正常使用；如果气泡不再居中，说明 $L'L'$ 不平行于 VV，需要校正。

2. 十字丝横丝的检验与校正

目的：当仪器整平后，十字丝的横丝应水平，即横丝应垂直于竖轴。

要求：掌握检验，了解校正。

方法：整平仪器，将望远镜十字丝交点置于墙上一点 P，固定制动螺旋，转动微动螺旋。如果 P 点始终在横丝上移动，则表明横丝水平；如果 P 点不在横丝上移动，表明横丝不水平，需要校正。

3. 水准管轴平行于视准轴（i 角）的检验与校正

目的：使水准管轴平行于望远镜的视准轴，即 $LL /\!/ CC$。

要求：掌握检验，了解校正。

方法：选择有适当高差的地面，在地面上定出水平距离为 30 m 的 A、B 两点，如图 2-1-4 所示。

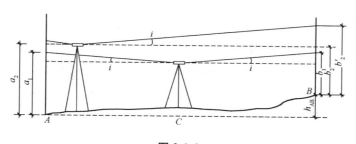

图 2-1-4

（1）取得正确高差：将水准仪置于 A、B 两点中间的 C 点处，用变动仪器高法（或双面尺法）测定 A、B 两点间的高差 h_{AB}，则 $h_{AB}=a_1-b_1$，$h'_{AB}=a'_1-b'_1$，两次高差之差小于 3 mm 时，取其平均值作为 A、B 间的高差。此时，测出的高差值是正确的［如有误差 Δ，但因 $BC=AC$，则 $\Delta a=\Delta b=\Delta$，则 $h_{AB}=(a_1-\Delta)-(b_1-\Delta)=a_1-b_1$，在计算过程中抵消了］。

（2）检验：将仪器搬至距 A 尺（或 B 尺）3～5 m 处，精平仪器后，获取 $h'_{AB}=a_2-b_2$；如 $h_{AB}=h'_{AB}$，则说明水准管轴平行于望远镜的视准轴，即 $LL /\!/ CC$；如 $h_{AB} \neq h'_{AB}$，则说明水准管轴不平行于望远镜的视准轴，需要校正。

也可以在 A 尺上读数 a_2。因为仪器距 A 尺很近，忽略 i 角的影响。根据近尺读数 a_2 和高差 h_{AB} 计算出 B 尺上水平视线时的应有读数为：

$$b_2=a_2-h_{AB}$$

然后转动望远镜照准 B 点上的水准尺，精平仪器读取读数 b'_2。如果实际读出的 $b'_2=b_2$，则说明 $LL /\!/ CC$。否则，存在 i 角，其值为：

$$i=\frac{b'_2-b_2}{D_{AB}} \cdot \rho$$

或

$$i=\frac{h_{AB}-h'_{AB}}{D_{AB}} \cdot \rho$$

式中　D_{AB}——A、B 两点间的距离；

　　　　ρ——取 206 265″。

对于 DS3 型水准仪，当 $i>20″$ 时，则需校正。

1.3.3　实训报告

填写水准测量实训报告三。

【提高能力测试题】

建筑物变形观测设计：

建筑物沉降观测采用水准测量方法，根据水准基点周期性地观测建筑物的沉降观测点的高程变化。

水准基点是建筑物沉降观测的依据，为了便于互相检核，一般情况下建筑物周围最少要布设三个水准基点，且与建筑物相距 50～100 m 的范围为宜。所布设的水准基点，在未确定其稳定性前严禁使用。

沉降观测点（图 2-1-5）是设立在建筑物上，能反映建筑物沉降量变化的标志性观测点。

考虑水准基点的稳定性，试设计建筑物沉降观测过程。

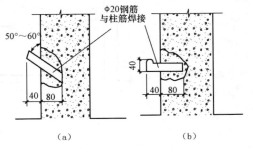

图 2-1-5

【特别提示】

沉降变形观测时，前、后视应使用同一根水准尺，并且视线长度不应大于 50 m，保持前、后视距大致相等。在客观上应能保证尽量减少观测误差的主观不确定性，使所测的结果具有统一的趋向性；能保证各次复测结果与首次观测结果的可比性一致，使所观测的沉降量更真实。

项目二 角度测量

角度测量包括水平角度测量和竖直角度测量,在工程建设施工过程中具有重要意义和作用。

2.1 DJ2、DJ6 型经纬仪的认识与使用

2.1.1 经纬仪的使用方法及步骤

经纬仪的使用,一般分为对中、整平、调焦照准和读数四个步骤。

(1)安置仪器。对中的目的是使水平度盘中心和测站点标志中心在同一铅垂线上。整平的目的是使水平度盘处于水平位置和使仪器竖轴处于铅垂位置。对中、整平应反复操作,在实践中有如下三种方法:

1)垂球对中法。松开三脚架腿的固定螺旋,提起架头使三个架腿一样高,高度根据观测者身高确定,一般与胸等高或略低于胸部,拧紧固定螺旋,打开三脚架使架头大致水平,在三脚架的连接螺旋上悬挂垂球,平移三脚架使垂球尖对准测站中心,这样架头中心和站点标志中心在同一铅垂线上(图 2-2-1)。安置仪器,先调节三个脚螺旋基本一样高,再将三脚架连接螺旋与仪器固定。先通过光学对点器看地面的测站中心是否在视线范围内,如在视线范围内,先整平;如不在视线范围内,则重新卸下仪器,重复垂球对中(图 2-2-2)。

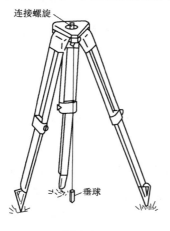

图 2-2-1

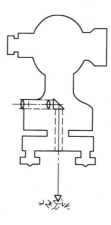

图 2-2-2

2)目测对中法。松开三脚架腿的固定螺旋,提起架头使三个架腿一样高,高度根据观测者身高确定,一般略低于胸部,拧紧三个架腿固定螺旋,打开三脚架使架头大致水平,中指调平连接板,闭上右眼使左眼靠近架头连接孔,平移架头使架头中心初步对准测站标志中心;再将左眼通过连接孔中心与地面上测站标志中心在同一铅垂线上重合,架头大致水平。然后,开箱取出仪器,调节三个脚螺旋一样高,连接在三脚架架头中心上。

3)施工现场对中法。松开三脚架腿的固定螺旋,提起架头使三个架腿一样高,打开三脚架,在三脚架的连接螺旋上悬挂垂球,先使垂球对准测站中心,再将三脚架的两个架腿踩入土中;最后,调节第三个架腿的长度,使架头大致水平。垂球对准测站中心后,再拧紧架腿的固定螺旋,踩入土中。然后,开箱取出仪器,调节三个脚螺旋一样高,连接在三脚架架头中心上。

(2)粗略对中(图2-2-3)。三脚架大致对中整平结束后,先用左眼通过对点器看一下地面标志是否在视线范围内。如在视线范围内,先整平后再对中;如不在视线范围内,按下列情况对中:

1)如在坚硬的地面上,用操作者的脚尖放在标志上方晃动脚尖以判断标志偏离的方位,这时可平端三脚架,左眼看着对点器,使对点器中心与地面测站中心在同一铅垂线上重合,架头大致水平。

2)如在施工现场三个架脚已踩入土中,应分别调节三个架腿的长度,眼睛看着对点器,使对点器中心与地面测站中心在同一铅垂线上重合,使圆水准器气泡居中。

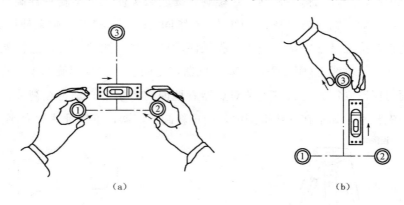

(a)   (b)

图 2-2-3

(3)粗略整平。调节三个脚螺旋,使圆水准器居中,气泡运动规律与左手大拇指运动方向一致。

(4)精确整平。转动照准部,将水准管与圆水准器在同一铅垂面上,调节同一铅垂面上的两个脚螺旋,使管水准器气泡居中;然后,转动照准部90°,调节第三个脚螺旋使水准管气泡居中。此时圆水准器气泡必须同时居中。否则,仪器各轴线不满足几何条件,仪器不能使用，需要校正。

（5）精确对中。眼睛通过对点器，看对点器中心与地面标志中心是否在同一铅垂线上；若有偏离，稍微松开仪器与三脚架头的连接螺旋，使仪器在三脚架头上前后左右平移，使对点器中心与地面标志中心在同一铅垂线上重合。

对中、整平要直到同时达到精度要求为止。所以，应反复操作步骤（4）、（5），直至完全达到精度要求。如不能达到此项要求，所测角度就达不到施工精度要求。

（6）概略照准。闭上一只眼睛看瞄准器的三角尖与目标是否在同一方向线上。

【注意】

从瞄准器里看不到目标，只有一个三角形。

（7）调焦、照准。在概略照准的基础上，转动物镜对光螺旋使物体清晰，再转动上、下微动螺旋，使十字丝交点准确瞄准目标（图2-2-4）。

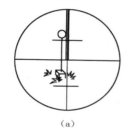 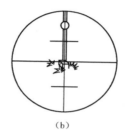

图 2-2-4

（8）读取读数。DJ6型光学经纬仪读数方法如下：

1）打开反光镜使光线折射到度盘测微器上。

2）在水平角观测中要求起始目标读数为0°00′00″，转动度盘变换手轮使度盘0°与分微尺00′00″重合［图2-2-5（a）］。

3）照准第二个目标，直接在读数显微镜里读取读数即可［图2-2-5（b）］。

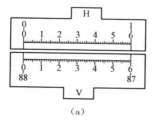 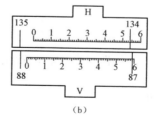

图 2-2-5

DJ2型光学经纬仪（图2-2-6）在水平角观测中要求起始读数为0°00′00″，对径分划线重合，其操作方法为：

1）分微尺为0′00″，首先顺时针转动测微轮8到头再倒回一点即可找到0′00″［图2-2-7（a）］。

2)度盘为 $0°00'$，对径分划线重合，转动度盘变换手轮 12 使度盘为 $0°00'$，中间窗口对径分划线重合[图 2-2-7(b)]。

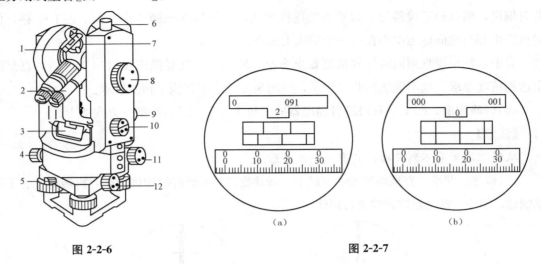

图 2-2-6   图 2-2-7

3)每次瞄准目标读取读数时必须使对径分划线重合，操作时转动测微轮使对径分划线重合后再读取水平度盘读数为：$91°23'22.5''$（图 2-2-8）。

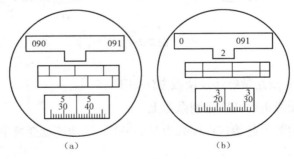

图 2-2-8

2.1.2　实训任务

熟悉经纬仪各部件的构造、名称、位置及作用。初步熟悉经纬仪的操作步骤。

2.1.3　注意事项

(1)在实训期间仪器边不准离人，以防人的跑动碰倒仪器，或大风刮倒仪器。

(2)正确使用仪器各部分螺旋，应注意对螺旋不能用力强拧，以防损坏。

(3)操作中水准管与圆水准器气泡要同时居中，否则仪器不满足使用条件。

2.1.4　实训报告

填写角度测量实训报告一。

2.2 测回法水平角观测实训

2.2.1 测回法观测水平角

安置经纬仪于 O 点→对中→整平→照准→调焦(图 2-2-9)。

(1)盘左:先瞄准左边 A 目标读取读数,起始读数为 $0°00'00''$;顺时针再瞄准右边 B 目标读取读数,为上半测回。

$$\beta_左 = b_左 - a_左$$

(2)盘右:先瞄准右边 B 目标读取读数,逆时针再瞄准左边 A 目标读取读数,为下半测回。

$$\beta_右 = b_右 - a_右$$

(3)一测回精度要求:

$$\Delta_\beta = \beta_左 - \beta_右 \leqslant \pm 40''$$

(4)一测回水平角观测值:

$$\beta = \frac{1}{2}(\beta_左 + \beta_右)$$

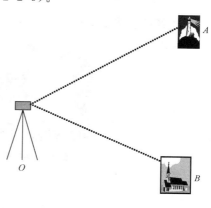

图 2-2-9

2.2.2 注意事项

(1)经纬仪的对中、整平要反复进行,并同时达到要求,否则所测出的水平角不是工程中所需要的角度。

(2)水平角起始读数要求是 $0°00'00''$。

(3)盘左、盘右瞄准时,要用十字丝竖丝准确瞄准同一目标,否则所测角值超出允许范围。

(4)DJ2 型光学经纬仪读数时一定要对径分划窗口上下格重齐,才能读取读数。

(5)盘左、盘右同一目标读取读数时应相差 $180°$。

2.2.3 实训报告

填写角度测量实训报告二。

2.3 电子经纬仪水平角观测实训

2.3.1 电子经纬仪观测方法

1. 熟练掌握电子经纬仪显示屏各按键的名称及作用

电子经纬仪界面如图 2-2-10 所示。

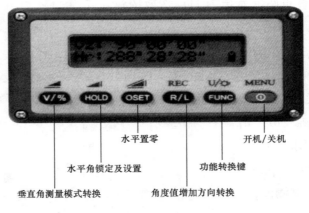

图 2-2-10

$\boxed{\text{V/\%}}$——竖直角/坡度转换键：单击→Vz→单击→V%。

$\boxed{\text{HOLD}}$——水平角锁定键：双击→Hr→288°28′28″锁定→转动照准部读数不变（方便记录角度值）。

$\boxed{\text{OSET}}$——水平置零键：双击→Hr→0°00′00″。

$\boxed{\text{R/L}}$——盘左、盘右转换键：单击→盘左→单击→盘右。

$\boxed{\text{FUNC}}$——功能转换键（不与光电测距仪连接，此键不起作用）。

$\boxed{\text{①}}$——开关。

2. 特别注意

(1)显示屏中的 Hr 是读数顺时针增加，Hl 是读数逆时针增加。

(2)电子经纬仪、全站仪与光学经纬仪的盘左、盘右观测方法相同。

2.3.2 电子经纬仪测回法观测水平角

与光学经纬仪观测水平角方法相同：安置经纬仪于 O 点→对中→整平→照准→调焦→

读数→记录(图 2-2-11)。

(1)盘左:先瞄准左边 A 目标读取读数,设置起始读数为 $0°00'00''$;顺时针再瞄准右边 B 目标读取读数,为上半测回。

$$\beta_左=b_左-a_左$$

(2)盘右:先瞄准右边 B 目标读取读数,逆时针再瞄准左边 A 目标读取读数,为下半测回。

$$\beta_右=b_右-a_右$$

(3)一测回精度要求:

$$\Delta_\beta=\beta_左-\beta_右\leqslant\pm40''$$

(4)一测回水平角观测值:

$$\beta=\frac{1}{2}(\beta_左+\beta_右)$$

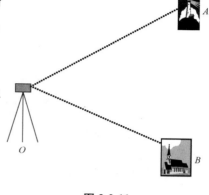

图 2-2-11

2.3.3 实训报告

填写角度测量实训报告三。

2.4 角度闭合差实训

2.4.1 角度闭合差实训的意义

工程中电子经纬仪已普遍使用,为让学生熟练掌握水平角观测,应多加练习。在练习中必须达到精度要求,才能运用到工程中,否则没有意义。

此外,应掌握几何图形水平角闭合差平差计算方法。几何多边形平差有一级平差、二级平差之分。

2.4.2 几何多边形观测的意义

几何多边形观测(图 2-2-12、图 2-2-13)的主要意义如下:

(1)工程中的定位放线无非是长方形、正方形、L 形、T 形等,都必须进行直角或锐角三角形的放样及检测。

(2)工程中放样完后,必须检查各角及长和宽是否达到设计要求,未达到则重放。

(3)工程中的定位放线要建设方(监理方)、设计方和施工方三家进行验收,不合格不准开工。所以,放样完必须熟练检验方法,对所定的各点是否能达到精度要求进行检查。还应多加练习,以增加工程定位放样信心。

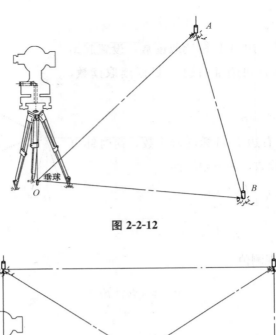

图 2-2-12

图 2-2-13

2.4.3 实训报告

填写角度测量实训报告四。

2.5 竖直角及垂直度观测实训

2.5.1 竖直角观测操作的基础知识

（1）竖直角的特殊构造：望远镜与横轴固连在一起，横轴与竖直度盘固定在一起。望远镜在竖直面内可旋转360°，竖直度盘跟着望远镜一起旋转。

（2）观测竖直角时望远镜十字丝横丝要瞄准目标，然后固定望远镜制动螺旋（图2-2-14），读取观测值 L 或 R，代入竖直角公式计算。

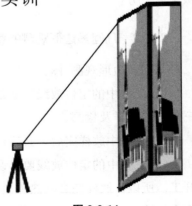

图 2-2-14

1）盘左：

$$\alpha_{左}=90°-L$$

2）盘右：

$$\alpha_{右}=R-270°$$

3）精度要求：

$$X=\frac{1}{2}\big[(L+R)-360°\big]$$

4）竖直角：

$$\alpha=(\alpha_{左}+\alpha_{右})/2$$

5）验算值：

$$L+R = 360°$$

2.5.2 垂直度的观测方法

（1）建筑物或柱子垂直度的观测方法：

1）安置经纬仪于观测棱边的 45°延长线上，离开棱边距离≥1.5H 选择观测点（图 2-2-15）。

2）安置仪器精确对中、整平。

3）概略照准。

4）目镜调焦。

5）物镜调焦。

6）准确照准。

7）望远镜十字丝竖丝瞄准所测建筑物边缘的顶部，固定照准部，望远镜往下辐射到建筑物的底部，量取偏差值，计算偏差度。

图 2-2-15

$$l=\frac{\delta}{H}$$

（2）建筑物高度计算。

1）如不知建筑物的总高，也可以一层高为标准进行测量。

2）可通过观测竖直角及测站到建筑物水平距离，利用勾股定理计算建筑物的总高。

2.5.3 建筑物垂直面的观测方法

（1）安置经纬仪于建筑物垂直面的延长线上，距离≥1.5H 选择观测点（图 2-2-16）。

（2）望远镜十字丝竖丝瞄准建筑物顶部的墙面，固定照准部望远镜往下辐射到建筑物的底部，量取偏差值，计算偏差度。

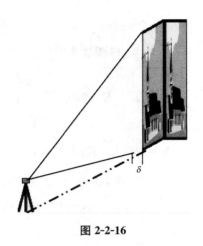

图 2-2-16

2.5.4 实训报告

填写角度测量实训报告五。

2.6 经纬仪的检验与校正实训

2.6.1 经纬仪的检验与校正在工程中的意义及作用

经纬仪在工程中最主要的作用是定位放线,如一栋建筑定位放线精度达不到要求,这栋建筑就无从进行施工。而要想定位放线精度达到要求,就必须对经纬仪进行检验与校正。

2.6.2 经纬仪的轴线及其应满足的几何条件

(1)经纬仪的轴线(图 2-2-17):

1)望远镜的视准轴 CC。

2)望远镜的旋转轴(横轴)HH。

3)仪器的旋转轴(竖轴)VV。

4)照准部的水准管轴 LL。

(2)应满足的几何条件:

1)照准部水准管轴应垂直于竖轴。

2)视准轴应垂直于横轴。

3)横轴应垂直于竖轴。

4)十字丝竖丝应垂直于横轴。

5)竖盘指标差应为零。

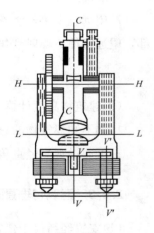

图 2-2-17

6)光学对点器视准轴的折光轴应与仪器竖轴重合于铅垂线上。

2.6.3 实训报告

填写角度测量实训报告六。

项目三　全站仪的应用

全站仪如图 2-3-1 所示。

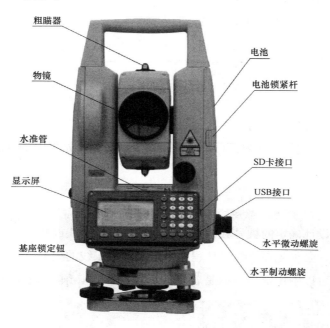

图 2-3-1

目前，随着计算机技术的不断发展和应用以及用户的特殊要求与其他工业技术的应用，全站仪出现了一个新的发展时期，出现了带内存、防水型、防爆型、计算机型等全站仪。其应用也越来越广泛，已深入市政规划、土木工程、道路工程、桥梁隧道工程、精密工程、矿山开采、历史考古等方面，进行了多种多样的测量工作。

全站仪进行的测量工作主要有：

(1)布设控制网，进行控制测量；

(2)地形图、地籍图等各种地图的测绘；

(3)工程放样；

(4)建筑物、构筑物的变形观测。

通过全站仪的实训，学生应掌握全站仪的基本知识和基本原理，熟悉全站仪的应用，并能够熟练使用全站仪进行常规的测量工作。

3.1　全站仪的认识与常规测量实训

3.1.1　实训目的

(1)认识全站仪的构造，了解仪器各部件的名称和作用。

(2)初步掌握全站仪的操作要领。

(3)掌握全站仪测量角度、距离和坐标的方法。

3.1.2　实训任务

一、具体任务

(1)选择某点位安置全站仪。

(2)熟悉全站仪的主要程序界面(以南方 NTS-360 系列全站仪为例)(图 2-3-2)。

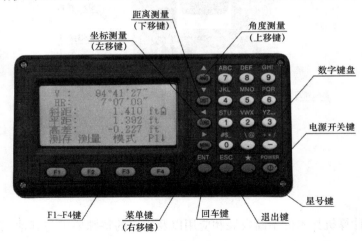

图 2-3-2

(3)每小组成员熟练操作全站仪，选择一个水平角用测回法观测两个测回，计算水平角度值，同时观测水平距离和点的三维坐标，其中测站点的坐标假设为 $O(1\,000，1\,000，150)$，后视方向 OB 的方位角 $\alpha_{OB}=45°00'00''$。记录观测数据，完成实训报告内容并上交。

二、方法与步骤

1. 全站仪的使用方法及步骤

(1)架设三脚架。将三脚架伸到适当高度，确保三腿等长、打开，并使三脚架顶面近似水平，且位于测站点的正上方。

（2）安置仪器开机流程。开机→按星号键→按[F1]照明。

按箭头调节屏幕内容（如有无棱镜）（图2-3-3）。

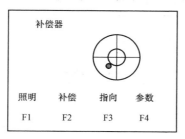

图2-3-3

[F2]补偿（即整平）——转动脚螺旋使气泡居中（图2-3-4、图2-3-5）。

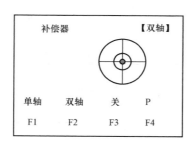

图2-3-4

图2-3-5

[F3]指向——望远镜发出激光指向。

（3）安置仪器和对点。将仪器小心地安置到三脚架上，拧紧中心连接螺旋，调整光学对点器，使十字丝成像清晰。双手握住另外两条未固定的架腿，通过对光学对点器的观察调节两条架腿的位置。当光学对点器大致对准测站点时，使三个架腿均固定在地面上。调节全站仪的三个脚螺旋，使光学对点器精确对准测站点。

（4）精确对中与整平。通过对光学对点器的观察，轻微松开中心连接螺旋，平移仪器（不可旋转仪器），使仪器精确对准测站点。再拧紧中心连接螺旋，再次精平仪器。此项操作重复至仪器精确对准测站点、精确整平为止。

2. 角度测量

（1）选择角度测量模式，该模式一共有三页菜单（图2-3-6）。

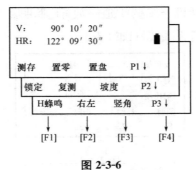

图 2-3-6

(2)在第一页菜单下，照准第一个目标 A（图 2-3-7）。

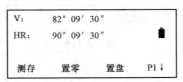

图 2-3-7

(3)按[F2](置零)键和[F4](是)键，设置目标 A 的水平角为 $0°00'00''$（图 2-3-8、图 2-3-9）。

图 2-3-8

图 2-3-9

(4)照准第二个目标 B，显示目标 B，HR$=67°09'30''$（图 2-3-10）。

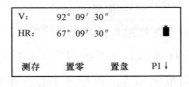

图 2-3-10

3. 角度复测

(1)在第二页菜单下按复测键，照准第一个目标 A（图 2-3-11、图 2-3-12）。

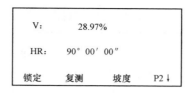

图 2-3-11

```
角度复测次数          【0】

和值:     90° 00′ 00″

匀值:

HR:      90° 00′ 00″

置零    退出        锁定
```

图 2-3-12

(2)按[F1](置零)键和[F4](是)键,设置目标 A 的水平角为 0°00′00″(图 2-3-13、图 2-3-14)。

```
角度复测

   置零吗?

        【否】  【是】
```

图 2-3-13

```
角度复测次数          【0】

和值:     0° 00′ 00″

匀值:

HR:      0° 00′ 00″

置零    退出        锁定
```

图 2-3-14

(3)照准第二个目标 B,显示目标 B,HR=25°14′09″;按[F4](锁定)键(图 2-3-15)。

```
角度复测次数          【0】

和值:     25° 14′ 09″

匀值:

HR:      25° 14′ 09″

置零    退出        锁定
```

图 2-3-15

(4)再次照准第一个目标 A，按[F4](释放)键(图 2-3-16、图 2-3-17)。

```
角度复测次数            【1】

和值:      25° 14′ 09″

匀值:      25° 14′ 09″

HR:       25° 14′ 09″

置零    退出        释放
```

图 2-3-16

```
角度复测次数            【1】

和值:      25° 14′ 09″

匀值:      25° 14′ 09″

HR:        0° 00′ 00″

置零    退出        释放
```

图 2-3-17

(5)再次照准第二个目标 B，HR＝25°14′07″(图 2-3-18)。

```
角度复测次数            【2】

和值:      50° 28′ 16″

匀值:      25° 14′ 09″

HR:       25° 14′ 07″

置零    退出        释放
```

图 2-3-18

4．距离测量

(1)选择距离测量进入距离测量模式，该模式一共两页菜单(图 2-3-19)。

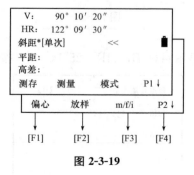

图 2-3-19

模式[F3]——调节单次测、N 次测、重复测、跟踪测。

m/f/i[F3]——调节单位 m、f、i。

HR——读数顺时针增加(图 2-3-20)。

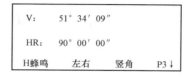

图 2-3-20

HL——读数逆时针增加(图 2-3-21)。

图 2-3-21

(2)按[DIST](距离测量)键,进入测距界面,距离测量开始。

(3)显示测量的距离(图 2-3-22、图 2-3-23)。

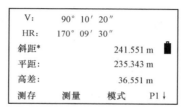

图 2-3-22

图 2-3-23

(4)按[F1](测存)键启动测量,并记录测得的数据,测量完毕按[F4](是)键,屏幕返回到距离测量模式(图 2-3-24)。一个点的测量工作结束后,程序会将点名自动+1,重复刚才的步骤即可重新开始测量(图 2-3-25)。

图 2-3-24

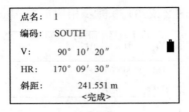

```
点名：    1
编码：    SOUTH
V:        90° 10′ 20″
HR:       170° 09′ 30″
斜距：    241.551 m
          <完成>
```

图 2-3-25

【特别提示】

当需要改变测量模式时，可按[F3]（模式）键，测量模式便在单次精测/N 次精测/重复精测/跟踪测量模式之间切换。

5.距离放样

(1)在第二页按[F2]（放样）键（图 2-3-26）。

```
V:        163° 34′ 09″
HR:        45° 23′ 00″
斜距：     0.745 m
平距：     0.313 m
高差：     0.126 m
偏心    放样    m/f/i    P2↓
```

图 2-3-26

(2)输入已知平距 9 m（图 2-3-27）。

```
V:        163° 34′ 09″
HR:        45° 23′ 00″
平距：     9.00 m
dHD:              m
高差：     0.126 m
测存    测量    模式    P1↓
```

图 2-3-27

(3)望远镜瞄准已知方向照准棱镜，按[F2]（测量）键（图 2-3-28）。

```
V:        163° 34′ 09″
HR:        45° 23′ 00″
平距：     8.231 m
dHD:      −0.769 m
高差：     0.126 m
测存    测量    模式    P1↓
```

图 2-3-28

所测数据：平距为8.231 m，dHD = −0.769 m。

(4)指挥棱镜向后退 0.769 m，直到平距为 9 m，dHD = 0.000 m(图 2-3-29)。在地面上定位。

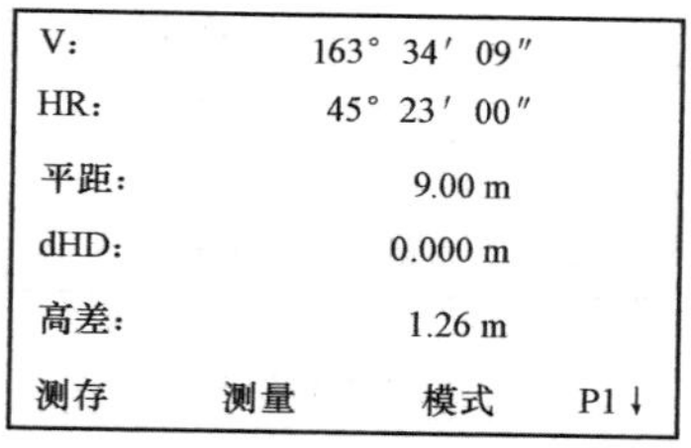

V: 163° 34′ 09″
HR: 45° 23′ 00″
平距: 9.00 m
dHD: 0.000 m
高差: 1.26 m
测存 测量 模式 P1↓

图 2-3-29

【特别提示】

斜距、高差放样同平距。

6. 坐标测量

(1)选择坐标测量进入坐标测量模式，该模式一共有三页菜单(图 2-3-30)。

V: 90° 10′ 20″
HR: 122° 09′ 30″
N: [单次] <<m
E:
Z:
测存 测量 模式 P1↓
设置 后视 测站 P2↓
偏心 放样 均值 P3↓
[F1] [F2] [F3] [F4]

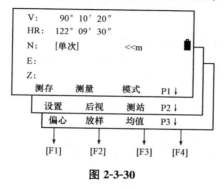

图 2-3-30

(2)采集坐标点按[CORD](坐标测量)键(图 2-3-31)。按[F1](设置)键输入仪器高、目标高(图 2-3-32)。

V: 63° 34′ 09″
HR: 45° 23′ 00″
N: 0.545 m
E: 0.213 m
Z: 1.26 m
设置 后视 测站 P2↓

图 2-3-31

输入仪器高和目标高
仪器高: 1.2 m
目标高: 1.1 m
回退 确认

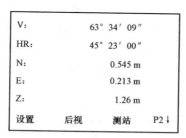

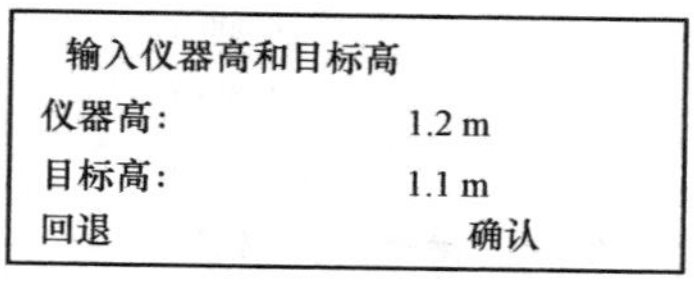

图 2-3-32

(3)按［F3］(测站)键输入测站点坐标(图2-3-33、图2-3-34)。

```
V:            63° 34′ 09″
HR:           45° 23′ 00″
N:            0.545 m
E:            0.213 m
Z:            1.26 m
设置    后视    测站    P2↓
```

图 2-3-33

```
设置测站点
N0:           0.000 m
E0:           0.000 m
Z0:           1.26 m
回退              确认
```

图 2-3-34

(4)按［F2］(后视)键输入控制点坐标，照准后视点后，选择［是］(图2-3-35、图2-3-36)。

```
设置后视点
NBS:          3.000 m
EBS:          3.000 m
ZBS:          1.26 m
回退              确认
```

图 2-3-35

```
请照准后视
HR:           45° 00′ 00″
【否】           【是】
```

图 2-3-36

(5)照准目标 B，按［F2］(测量)键(图2-3-37)。

```
V:            63° 34′ 09″
HR:           90° 00′ 00″
N:            0.000 m
E:            1.000 m
Z:            1.26 m
测存    测量    模式    P1↓
```

图 2-3-37

(6)按[F1](测存)键启动坐标测量，并记录测得的数据，测量完毕按[F4](是)键，屏幕返回到坐标测量模式。一个点的测量工作结束后，程序会将点名自动＋1，重复刚才的步骤即可重新开始测量。

【特别提示】

放样是把已知距离放样到实际地面上。后视在测量中为已知控制方向或已知控制点，必须照准后视再按[是]键，否则在测量中屏幕显示计算错误。采集坐标点瞄准所测的目标 B、C、D 等即可。

仪器高即从望远镜视准轴（即中心轴在支架外侧有横线）到测站点的高。由于此高度精度低，所以全站仪测高差不能代替工程中的水准仪。

3.1.3 实训要求

一、实训组织与分配

实训时间 2 课时，随堂实训；每 4～5 人为一组，选一名小组长，小组长负责仪器领取及交还。

二、仪器与工具

每小组全站仪 1 台、棱镜 1 个、三脚架 2 个、5 m 卷尺 1 把。

三、注意事项

(1)搬运仪器时，要提供合适的减振措施，以防止仪器受到突然的振动。

(2)近距离将仪器和脚架一起搬动时，应保持仪器竖直向上。

(3)在保养物镜、目镜和棱镜时，使用干净的毛刷扫取灰尘，然后再用干净的绒棉布蘸酒精由透镜中心向外一圈圈地轻轻擦拭。

(4)应保持插头清洁、干燥，使用时要吹出插头上的灰尘与其他细小物体。在测量过程中若拔出插头，则可能丢失数据。拔出插头之前应先关机。

(5)装卸电池时，必须关闭电源。

(6)仪器只能存放在干燥的室内。充电时周围温度应在 10 ℃～30 ℃之间。

(7)全站仪是精密贵重的测量仪器，要防日晒、雨淋、碰撞振动。严禁仪器直接照准太阳。

(8)操作前应仔细阅读实训指导书和认真听教师讲解。不明白操作方法与步骤者，不得操作仪器。

3.1.4 实训报告

根据实训组织、实训任务、实训步骤认真填写全站仪的应用实训报告一。

3.2 全站仪的放样实训

3.2.1 实训目的

(1)熟悉全站仪的安置及常规操作。

(2)掌握利用全站仪进行距离测设及点位三维坐标测设的方法。

3.2.2 实训任务

一、具体任务

(1)选择某点位作为测站点熟练安置全站仪,另外选取一点作为后视点。

(2)设置一个测设距离,进行距离测设。

(3)已知测站点坐标 $O(5\,678.123,2\,451.392,100)$,再选择一点 B 作为已知后视点,OB 边的坐标方位角 $\alpha_{OB}=221°37'45''$,放样点位 $P_1(5\,691.416,2\,453.664,101.123)$、$P_2(5\,694.524,2\,456.002,100.651)$、$P_3(5\,697.857,2\,458.534,100.486)$。

(4)量取仪器高度和棱镜高度。

(5)进行点位坐标放样,放样时输入以上已知量及仪器高和棱镜高。记录观测数据,完成实习报告内容并上交。

(6)尽量使小组内每个成员进行一遍操作。

二、方法与步骤

(1)在测站点 O 安置仪器。

(2)进行距离放样。

1)在距离测量模式下按[F4](P1↓)键,进入第二页功能(图 2-3-38)。

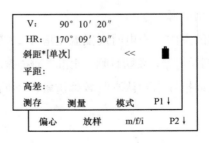

图 2-3-38

2)按[F2](放样)键,显示出上次设置的数据。

3)通过按[F1]~[F3]键选择放样测量模式(图 2-3-39)。

F1：平距；F2：高差；F3：斜距。

放样
平距：
0.000
平距
高差
斜距

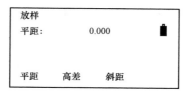

图 2-3-39

例如，水平距离按[F1]（平距）键(图 2-3-40)。

放样
平距：
0.000
回退
确认

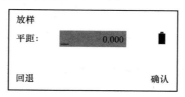

图 2-3-40

4)输入放样距离(如：3.500 m)，输入完毕按[F4](确认)键(图 2-3-41)。

放样
平距：
3.500
回退
确认

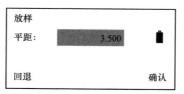

图 2-3-41

5)照准目标(棱镜)测量开始，显示出测量距离与放样距离之差(图 2-3-42)。

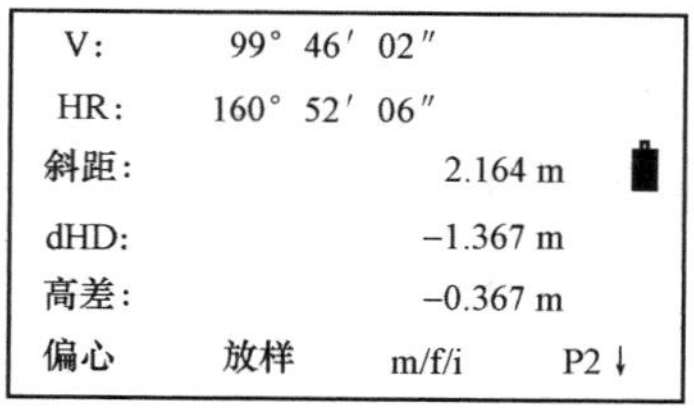

V：
99° 46′ 02″
HR：
160° 52′ 06″
斜距：
2.164 m
dHD：
−1.367 m
高差：
−0.367 m
偏心
放样
m/f/i
P2↓

图 2-3-42

6)移动目标棱镜，直至距离差等于 0 m 为止(图 2-3-43)。

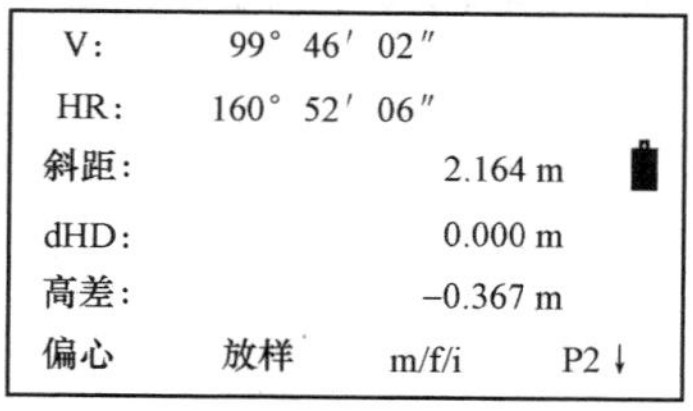

V：
99° 46′ 02″
HR：
160° 52′ 06″
斜距：
2.164 m
dHD：
0.000 m
高差：
−0.367 m
偏心
放样
m/f/i
P2↓

图 2-3-43

(3)点位测设。

1)选择坐标测量进入坐标测量模式，按[F4]键进入坐标测量模式第三页(图2-3-44)。

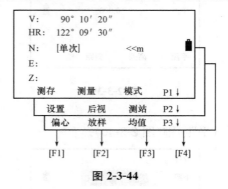

图 2-3-44

2)按[F2](放样)键，输入放样点坐标值，进行点位放样。

【特别提示】

在进入点位放样目录前，同坐标测量模式相同，都需要进行测站点位的设置和后视方向的设置。

3.2.3　实训要求

一、实训组织与分配

实训时间2课时，随堂实训；每4~5人为一组，选一名小组长，小组长负责仪器领取及交还。

二、仪器与工具

每小组全站仪1台、棱镜1个、三脚架2个、棱镜对中杆1个、5m卷尺1把。

三、注意事项

同"全站仪的认识与常规测量实训"。

3.2.4　实训报告

根据实训组织、实训任务、实训步骤认真填写全站仪的应用实训报告二。

3.3　利用全站仪进行后方交会实训

3.3.1　实训目的

(1)熟练操作全站仪。

(2)理解后方交会的原理。

(3)掌握利用全站仪进行交会定点(后方交会)的方法。

3.3.2 实训任务

一、具体任务

(1)在地面上找三个地面点 A、B、C,三点坐标值分别为(100,100)、(100,90)、(90,90)。

【注意】

三点点位要用距离放样的方法准确放样。

(2)另外选取一点作为交会所定新点 O,新点距离三个地面点之间的距离要大于 10 m。

(3)在新点 O 上安置全站仪,选择后方交会程序,观测 A、B、C 三点以计算 O 点坐标值。

二、方法与步骤

(1)在新点即测站点 O 安置仪器。

(2)进入放样菜单第二页,按[F4](P↓)键,进入放样菜单2/2,按数字键[2]选择"后方交会法"(图2-3-45~图2-3-47)。

图 2-3-45

图 2-3-46

图 2-3-47

(3)按[F1](输入)键。

(4)输入新点点名、编码和仪器高,按[F4](确认)键(图2-3-48)。

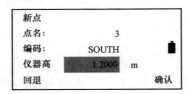

图 2-3-48

(5)系统提示输入目标点名,按[F1](输入)键(图2-3-49)。

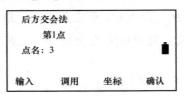

图 2-3-49

(6)输入已知点 A 的点号,并按[F4](确认)键(图 2-3-50)。

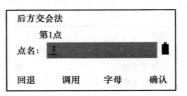

图 2-3-50

(7)屏幕显示该点坐标值,确定按[F4](是)键(图 2-3-51)。

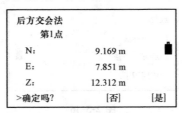

图 2-3-51

(8)屏幕提示输入目标高,输入完毕按[F4](确认)键(图 2-3-52)。

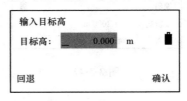

图 2-3-52

(9)照准已知点 A，按［F3］(角度)键或［F4］(距离)键。以按［F4］(距离)键为例(图 2-3-53)。

图 2-3-53

(10)启动测量功能(图 2-3-54)。

图 2-3-54

(11)进入已知点 B 输入显示屏(图 2-3-55)。

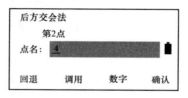

图 2-3-55

(12)按照(7)～(11)步骤对已知点 B 进行测量，当用"距离"测量两个已知点后残差即被计算(图 2-3-56)。

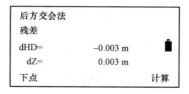

图 2-3-56

(13)按［F1］(下点)键，可对其他已知点进行测量，最多可达到 7 个点(图 2-3-57)。

图 2-3-57

(14)按(7)～(11)步骤对已知点 C 进行测量(图 2-3-58、图 2-3-59)。按[F4](计算)键查看后方交会的结果。

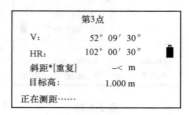

第3点
V: 52° 09′ 30″
HR: 102° 00′ 30″
斜距*[重复] –< m
目标高: 1.000 m
正在测距……

图 2-3-58

第3点
V: 52° 09′ 30″
HR: 102° 00′ 30″
斜距: 10.932 m
目标高: 1.000 m
下点 计算

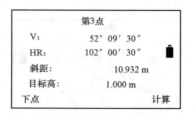

图 2-3-59

(15)显示坐标值标准偏差，单位为 mm(图 2-3-60)。

SD(n) = 4 mm
SD(e) = −6 mm
SD(z) = 1 mm
坐标

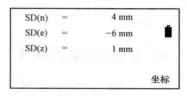

图 2-3-60

(16)按[F4](坐标)键，可显示新点的坐标(图 2-3-61)。按[F4](是)键可记录该数据。

N: 12.322 m
E: 34.286 m
Z: 1.5772 m
>记录吗? [否] [是]

图 2-3-61

(17)新点坐标被存入坐标数据文件并将所计算的新点坐标作为测站点坐标。系统返回新点菜单(图 2-3-62)。

放样 2/2
1. 极坐标法
2. 后方交会法
3. 格网因子
P↓

图 2-3-62

【特别提示】

在新站上安置仪器，用最多可达 7 个已知点的坐标和这些点的测量数据计算新坐标，后方交会的观测如下：

距离测量后方交会：测定 2 个或更多的已知点。

角度测量后方交会：测定 3 个或更多的已知点。

测站点坐标按最小二乘法计算（当仅用角度测量做后方交会时，若只观测 3 个已知点，则无须做最小二乘法计算）。

3.3.3　实训要求

一、实训组织与分配

实训时间 2 课时，随堂实训；每 4～5 人为一组，选一名小组长，小组长负责仪器领取及交还。

二、仪器与工具

每小组全站仪 1 台、棱镜 1 个、三脚架 1 个、棱镜对中杆 1 个、5 m 卷尺 1 把。

三、注意事项

同"全站仪的认识与常规测量实训"。

3.3.4　实训报告

根据实训组织、实训任务、实训步骤认真填写全站仪的应用实训报告九。

3.4　全站仪的对边观测实训

3.4.1　实训目的

(1)熟练操作全站仪。

(2)理解对边观测的定义和原理。

(3)掌握利用全站仪进行对边观测的方法。

3.4.2　实训任务

一、具体任务

(1)在地面上任意选取一个地面点作为测站点，再另外选取三点 A、B、C 作为进行对边观测的三点。

(2)在测站点上安置全站仪，进入对边测量程序。

(3)通过观测 A、B、C 三点，分别计算出 AB 和 AC 的斜距(dSD)、平距(dHD)和高差(dVD)。

二、方法与步骤

(1)在测站点安置仪器。

(2)在程序菜单中按数字键[2]选择"对边测量"(图2-3-63)。

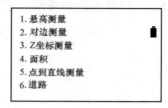

图 2-3-63

(3)按[ENT]或[ESC]键，选择是否使用坐标文件(图2-3-64)。如按[ESC]键，则是选择不使用文件数据。

图 2-3-64

(4)按数字键[1]或[2]，选择是否使用坐标格网因子(图2-3-65)。如按[2]，则是选择不使用格网因子。

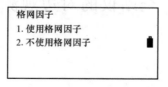

图 2-3-65

(5)按数字键[1]，选择 A—B、A—C 的对边测量功能(图2-3-66)。

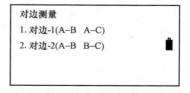

图 2-3-66

(6)照准棱镜 A，按[F1](测量)键(图2-3-67)。

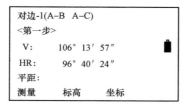

图 2-3-67

(7)测量结束，显示仪器至棱镜 A 之间的平距(HD)(图 2-3-68、图 2-3-69)。

图 2-3-68

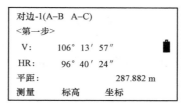

图 2-3-69

(8)照准棱镜 B，按［F1］(测量)键(图 2-3-70)。

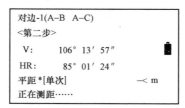

图 2-3-70

(9)测量结束，显示仪器到棱镜 B 的平距(HD)(图 2-3-71)。

图 2-3-71

(10)系统根据 A、B 点的位置计算出棱镜 A 与 B 之间的斜距(dSD)、平距(dHD)和高差(dVD)(图 2-3-72)。

对边-1(A–B A–C)
dSD: 263.376 m
dHD: 21.416 m
dVD: 1.256 m
HR: 10° 09′ 30″
下点

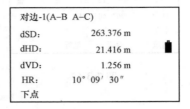

图 2-3-72

(11)测量 A—C 的距离，按[F1](下点)键(图 2-3-73)。

对边-1(A–B A–C)
<第二步>
V: 106° 13′ 57″
HR: 85° 01′ 24″
平距:
测量 标高 坐标

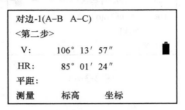

图 2-3-73

(12)照准棱镜 C，按[F1](测量)键(图 2-3-74)。测量结束，显示仪器到棱镜 C 的平距(HD)。

对边-1(A–B A–C)
<第二步>
V: 106° 13′ 57″
HR: 85° 01′ 24″
平距*[单次] –<m
测量 标高 坐标

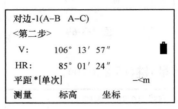

图 2-3-74

(13)系统根据 A、C 点的位置，计算出棱镜 A 与 C 之间的斜距(dSD)、平距(dHD)和高差(dVD)(图 2-3-75)。

对边-1(A–B A–C)
dSD: 0.774 m
dHD: 3.846 m
dVD: 12.256 m
HR: 86° 25′ 24″
下点

图 2-3-75

(14)测量 A—D 的距离，重复操作步骤(12)、(13)。

【特别提示】

对边测量是测量两个目标棱镜之间的斜距(dSD)、平距(dHD)、高差(dVD)和水平角(HR)。也可直接输入坐标值或调用坐标数据文件进行计算(图 2-3-76)。

对边测量的方法有两种：

(1)对边-1(A—B　A—C)：测量 A—B、A—C、A—D……

(2)对边-2(A—B　B—C)：测量 A—B、B—C、C—D……

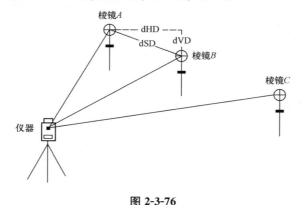

图 2-3-76

本实训步骤是以对边-1(A—B　A—C)模式为例，对边-2(A—B　B—C)模式的测量过程与对边-1 模式完全相同。

3.4.3　实训要求

一、实训组织与分配

实训时间 2 课时，随堂实训；每 4～5 人为一组，选一名小组长，小组长负责仪器领取及交还。

二、仪器与工具

每小组全站仪 1 台、棱镜 1 个、三脚架 1 个、棱镜对中杆 1 个、5 m 卷尺 1 把。

三、注意事项

同"全站仪的认识与常规测量实训"。

3.5　全站仪的面积测量实训

3.5.1　实训目的

(1)熟练操作全站仪。

(2)理解面积量算的原理。

(3)掌握利用全站仪进行面积测量的方法。

3.5.2 实训任务

一、具体任务

(1)在地面上寻找一点作为测站点，另外选取至少三个地面点位作为面积测量的观测点。注意：观测点数要大于或等于三个，至少三点才能构成闭合区域。

(2)在测站点安置全站仪，选择面积测量程序。

(3)依次观测目标点，计算目标点所围区域面积和周长。

二、方法与步骤

(1)在测站点安置全站仪。

(2)按［MENU］键，显示主菜单 1/2(图 2-3-77)。按数字键［4］，进入程序。

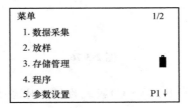

图 2-3-77

(3)按数字键［4］选择"面积"(图 2-3-78)。

图 2-3-78

(4)按［ENT］或［ESC］键，选择是否使用坐标文件(图 2-3-79)。如不使用文件数据，即按［ESC］键。

图 2-3-79

(5)按数字键［1］或［2］，选择是否使用坐标格网因子(图 2-3-80)。如按［2］，就是选择不使用格网因子。

图 2-3-80

(6)在初始面积计算屏幕照准棱镜，按［F1］(测量)键，进行测量(图 2-3-81)。

图 2-3-81

(7)系统启动测量功能(图 2-3-82)。

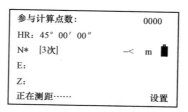

图 2-3-82

(8)照准下一个点，按［F1］(测量)键。测三个点以后显示出面积。

【特别提示】

该功能用于计算闭合图形的面积，面积计算有如下两种方法：

(1)用坐标数据文件计算面积。

(2)用测量数据计算面积。

如果图形边界线相互交叉，则面积不能正确计算。面积计算所用的点数是没有限制的。

3.5.3　实训要求

一、实训组织与分配

实训时间 2 课时，随堂实训；每 4～5 人为一组，选一名小组长，小组长负责仪器领取及交还。

二、仪器与工具

每小组全站仪 1 台、棱镜 1 个、三脚架 1 个、棱镜对中杆 1 个、5 m 卷尺 1 把。

三、注意事项

同"全站仪的认识与常规测量实训"。

3.6 全站仪的悬高测量实训

3.6.1 实训目的

(1)熟练操作全站仪。

(2)理解悬高测量的意义和原理。

(3)掌握利用全站仪进行悬高测量的方法。

3.6.2 实训任务

一、具体任务

(1)选定学校教学楼、图书馆或办公楼任一楼角作为悬高观测目标 K（图 2-3-83）。要求选定的点位所在铅垂线上的地面点 G 可以安置棱镜。

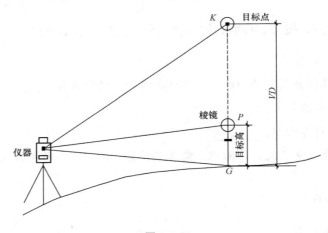

图 2-3-83

(2)在适当位置安置全站仪，选择悬高测量模式。

(3)在选定点位所在铅垂线上的地面点上安置棱镜。

(4)利用全站仪观测棱镜 P 后，再观测目标点位 K，计算出目标高度。

二、方法与步骤

1. 有目标高(h)输入的情形(如 $h=1.3$ m)

(1)在测站点安置全站仪。

(2)按[MENU]键，进入菜单，再按数字键[4]，进入应用程序功能(图 2-3-84)。

图 2-3-84

(3)按数字键[1]选择"悬高测量"(图 2-3-85)。

图 2-3-85

(4)按数字键[1]，选择需要输入目标高的悬高测量模式(图 2-3-86)。

图 2-3-86

(5)输入目标高，并按[F4](确认)键(图 2-3-87)。

图 2-3-87

(6)照准棱镜，按[F1](测量)键，开始测量(图 2-3-88、图 2-3-89)。

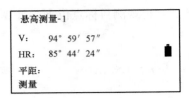

图 2-3-88

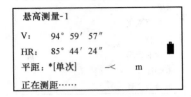

图 2-3-89

(7)棱镜的位置被确定(图 2-3-90)。

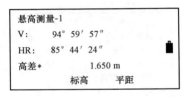

图 2-3-90

(8)照准目标 K，显示棱镜中心到目标点的高差(VD)(图 2-3-91)。

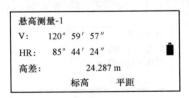

图 2-3-91

2. 没有目标高输入的情形

(1)按数字键[2]选择无须目标高的悬高测量功能(图 2-3-92)。

图 2-3-92

(2)照准棱镜中心，按[F1](测量)键(图2-3-93)。

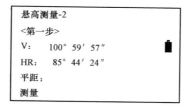

图 2-3-93

(3)系统启动测量功能(图2-3-94)。

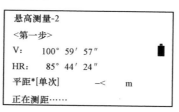

图 2-3-94

(4)测量结束，显示仪器至棱镜之间的水平距离，按[F4](设置)键(图2-3-95)。

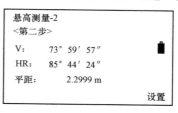

图 2-3-95

(5)棱镜的位置被确定(图2-3-96)。

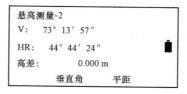

图 2-3-96

(6)照准地面点 G，G 点的位置即被确定(图2-3-97)。

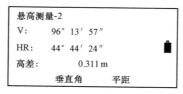

图 2-3-97

(7)照准目标点 K，显示高差（VD）（图 2-3-98）。

悬高测量-2

V：	96° 13′ 57″
HR：	44° 44′ 24″
高差：	1.125 m

垂直角　　平距

图 2-3-98

3.6.3　实训要求

一、实训组织与分配

实训时间 2 课时，随堂实训；每 4～5 人为一组，选一名小组长，小组长负责仪器领取及交还。

二、仪器与工具

每小组全站仪 1 台、棱镜 1 个、三脚架 1 个、棱镜对中杆 1 个、5 m 卷尺 1 把。

三、注意事项

同"全站仪的认识与常规测量实训"。

3.7　道路平曲线放样实训

3.7.1　实训目的

（1）熟练操作全站仪。
（2）掌握道路平曲线要素计算方法。
（3）掌握利用全站仪进行道路平曲线测设的方法。

3.7.2　实训任务

一、具体任务

根据某道路给定的平曲线要素，进行道路平曲线设计和道路平曲线放样。

二、方法与步骤

1. 输入道路参数

道路设计菜单包含定线设计功能。

定义水平定线（每个文件最多 30 个数据），水平定线数据可手工编辑，也可从计算机或

SD 卡中装入。水平定线包含以下元素：起始点、直线、圆曲线和缓和曲线。

（1）按［MENU］键，显示主菜单 1/2，再按数字键［4］，进入程序（图 2-3-99）。

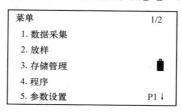

图 2-3-99

（2）按数字键［6］选择"道路"（图 2-3-100）。

图 2-3-100

（3）在"道路"菜单中按数字键［1］选择"水平定线"（图 2-3-101），显示磁盘列表，选择需作业文件所在的磁盘，再按［F4］（确认）键或［ENT］键。

图 2-3-101

（4）选择一个水平定线文件，按［ENT］键（图 2-3-102）。

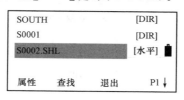

图 2-3-102

（5）按［F1］（查阅）键，屏幕显示起始点的数据，再按［F1］（编辑）键，可输入起始点的桩号、N 坐标和 E 坐标（图 2-3-103）。

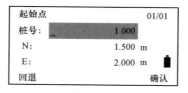

图 2-3-103

(6)输入起始点的详细数据后，按[F4]（确认）键，再按[ESC]键（图2-3-104）。

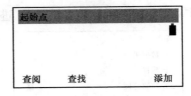

图 2-3-104

(7)按[F4]（添加）键，便进入主线输入过程屏幕（图2-3-105）。

图 2-3-105

(8)在输入过程屏幕中按[F1]（直线）键，便进入定义直线屏幕（图2-3-106）。

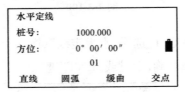

图 2-3-106

(9)输入直线的方位角后，按[F4]（确认）键进入下一输入项，输入直线的长度后，按[F4]（确认）键（图2-3-107）。

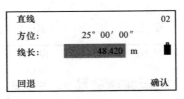

图 2-3-107

(10)存储该定线数据后，屏幕显示直线末端的桩号和该点的方位角（图2-3-108）。此时，便可定义其他曲线。当直线在线路的中间时，该直线的方位角由先前的元素算出，若要对该方位角进行改变，可手工输入新的方位角。

图 2-3-108

(11)在输入过程屏幕中按[F2](圆弧)键，便进入定义圆曲线屏幕。

(12)输入半径和弧长，并按[F4](确认)键存储(图2-3-109)。

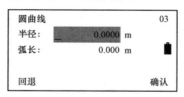

图 2-3-109

(13)返回到主线输入过程屏幕(图2-3-110)。

图 2-3-110

(14)在输入过程屏幕中按[F3](缓曲)键，便进入定义缓和曲线屏幕。

(15)输入缓和曲线的最小半径和弧长，并按[F4](确认)键(图2-3-111)。

图 2-3-111

(16)返回到主线输入过程屏幕(图2-3-112)。

图 2-3-112

2. 编辑水平定线

(1)选择需要编辑的水平定线文件，再按[F1](查阅)键，屏幕显示选定的水平定线数据
(图2-3-113)。

图 2-3-113

(2)按[▲]或[▼]键找到需要编辑的水平定线数据，屏幕显示选择的内存中的水平定线数据(图 2-3-114)。

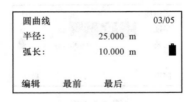

图 2-3-114

(3)按[F1](编辑)键，输入新的数据，再按[F4](确认)键存储修改的数据(图 2-3-115)。

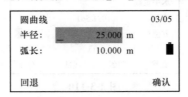

图 2-3-115

3. 道路放样

可以根据道路设计确定的桩号和偏差来对设计点进行定线放样。

对于定线放样，必须先在道路设计程序中定义水平定线的线型。

垂直定线数据可以不用定义，但是若要计算填挖，则必须定义。定义方法同定义水平定线方法。

定线放样数据的规定如图 2-3-116 所示。

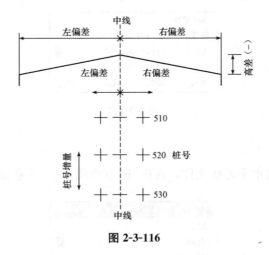

图 2-3-116

左偏差表示左边桩与中线点的平距；右偏差为右边桩与中线点的平距。

左(右)高差分别为左、右边桩与中线点的高程差。

（1）在"道路"菜单中按数字键[3]选择"道路放样"，然后在"道路放样"菜单中按数字键[1]选择"选择文件"（图 2-3-117、图 2-3-118）。

图 2-3-117

图 2-3-118

（2）显示选择文件类型，如按数字键[3]选择"选择放样坐标文件"（图 2-3-119）。

图 2-3-119

（3）显示"选择放样坐标文件"屏幕，可直接输入要调用数据的文件名，也可从内存中调用文件（图 2-3-120）。

图 2-3-120

（4）按[F2]（调用）键，显示磁盘列表，选择需作业文件所在的磁盘，按[F4]或[ENT]键进入，显示坐标数据文件目录（图 2-3-121）。

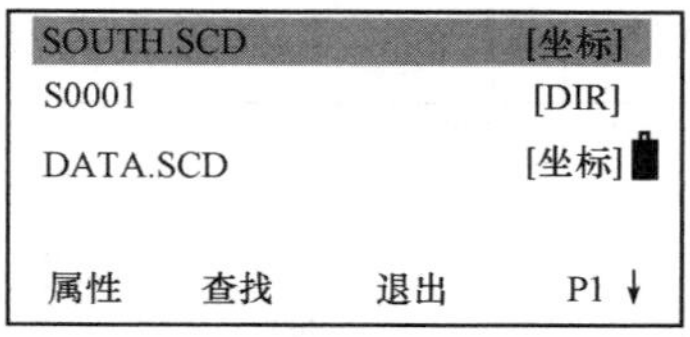

```
SOUTH.SCD              [坐标]
S0001                  [DIR]
DATA.SCD               [坐标]

属性    查找    退出    P1 ↓
```

图 2-3-121

（5）按[▲]或[▼]键可使文件表向上或向下滚动，选择一个工作文件（图 2-3-122）。

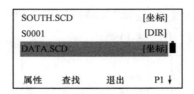

图 2-3-122

(6)按[F4](确认)键，文件即被选择。按[ESC]键，返回"道路放样"菜单。

(7)在"道路放样"菜单中按数字键[2]选择"设置测站点"(图 2-3-123)。

图 2-3-123

(8)进入设置测站点屏幕。

(9)输入测站点的桩号、仪器高，按[F4](确认)键(图 2-3-124、图 2-3-125)。

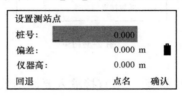

图 2-3-124

图 2-3-125

(10)仪器根据输入的桩号和仪器高，计算出该点的坐标(图 2-3-126)。若内存中有该桩号的垂直定线数据，则显示该点的高程；若没有垂直定线数据，则显示为 0。

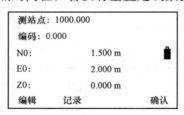

图 2-3-126

(11)按[F4]（确认)键，完成测站点的设置，返回“道路放样”菜单。

(12)在“道路放样”菜单中按数字键[3]选择“设置后视点”(图 2-3-127)。

道路放样
1. 选择文件
2. 设置测站点
3. 设置后视点
4. 设置放样点

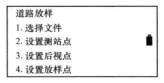

图 2-3-127

(13)进入“设置后视点”屏幕(图 2-3-128)。

设置后视点		
桩号:	_ 0.000 m	
偏差:	0.000 m	
目标高:	0.000 m	
回退	点名	确认

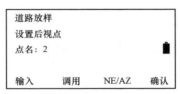

图 2-3-128

(14)按[F3](点名)键(图 2-3-129)。

道路放样
设置后视点
点名：2

输入　调用　NE/AZ　确认

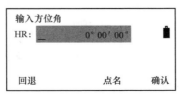

图 2-3-129

(15)按[F3](NE/AZ)键(图 2-3-130)。

设置后视点		
NBS:	102.857 m	
EBS:	148.900 m	
ZBS:	100.000 m	
回退	角度	确认

图 2-3-130

(16)按[F3](角度)键(图 2-3-131)。

输入方位角
HR: _ 0°00′00″

回退　点名　确认

图 2-3-131

(17)输入后视方位角,按[F4](确认)键,屏幕提示照准后视点(图2-3-132)。

请照准后视点

HR: 60°00′00″

                    [否]   [是]

图 2-3-132

(18)照准后视点,按[F4](是)键,后视点设置完毕,屏幕返回"道路放样"菜单。

(19)在"道路放样"菜单中按数字键[4]选择"设置放样点"(图2-3-133)。

道路放样
1.选择文件
2.设置测站点
3.设置后视点
4.设置放样点

图 2-3-133

(20)进入定线放样数据屏幕,输入起始桩号(起始桩)、桩号增量(桩间距)、左边桩点与中线的平距(偏距),并按[F4](确认)键,进入下一输入屏幕(图2-3-134)。

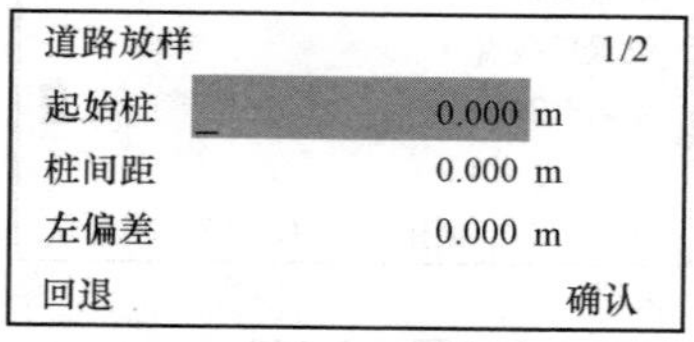

道路放样   1/2
起始桩   0.000 m
桩间距   0.000 m
左偏差   0.000 m
回退   确认

图 2-3-134

(21)输入边桩与中线点的高差,并按[F4](确认)键(图2-3-135)。

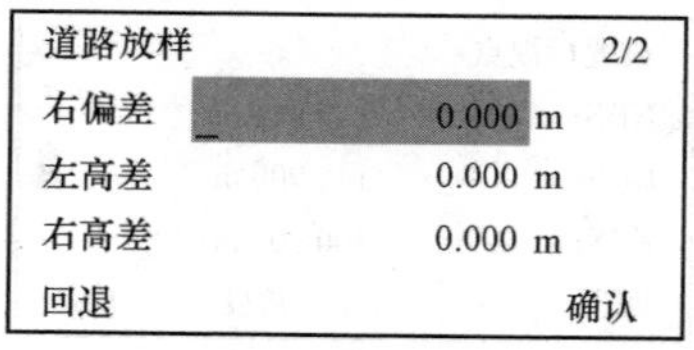

道路放样   2/2
右偏差   0.000 m
左高差   0.000 m
右高差   0.000 m
回退   确认

图 2-3-135

(22)屏幕显示中线的桩号和偏差(图2-3-136)。

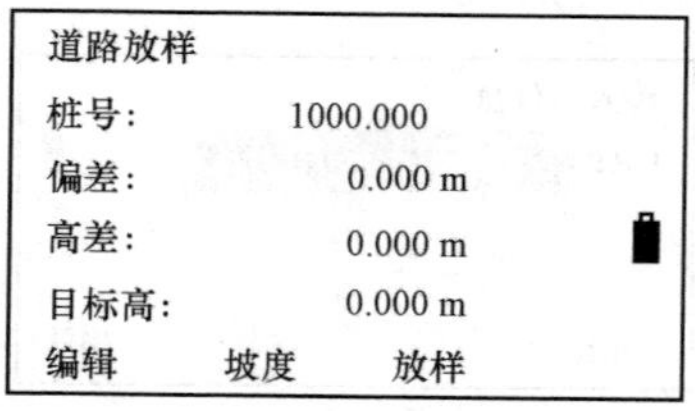

道路放样

桩号: 1000.000
偏差: 0.000 m
高差: 0.000 m
目标高: 0.000 m
编辑   坡度   放样

图 2-3-136

(23)按左偏(或右偏)放样左(或右)边桩，相应的桩号、偏差、高差将显示在屏幕上(图 2-3-137)。按[F1](编辑)键，可手工编辑桩号、偏差、高差和目标高。

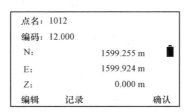

图 2-3-137

偏差为负数表示偏差点在中线左侧。

偏差为正数表示偏差点在中线右侧。

按[▲]或[▼]键减/增桩号。

(24)当所要放样的桩号和偏差出现时，按[F3](放样)键确认，屏幕将显示计算出的待放样点的坐标(图 2-3-138)。在该屏幕中，按[F2](记录)键可将数据保存在选定的文件中，按[F1](编辑)键可手工编辑数据内容。按[F4](确认)键开始放样。

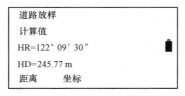

图 2-3-138

(25)仪器进行放样元素的计算(图 2-3-139)。

HR：放样点的水平角计算值。

HD：仪器到放样点的水平距离计算值。

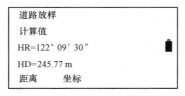

图 2-3-139

(26)照准棱镜，按[F1](距离)键，再按[F1](测量)键(图 2-3-140、图 2-3-141)。

HR：实际测量的水平角。

dHR：对准放样点仪器应转动的水平角，等于实际水平角减去计算的水平角。

当 dHR=0°00′00″时，即表明放样方向正确。

平距：实测的水平距离。

dHD：对准放样点尚差的水平距离。

dZ：实测高差减去计算高差。

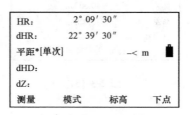

HR:	2°09′30″
dHR:	22°39′30″
平距*[单次]	−＜ m
dHD:	
dZ:	
测量 模式 标高 下点	

图 2-3-140

HR:	2°09′30″
dHR:	22°39′30″
平距:	25.777 m
dHD:	−5.321 m
dZ:	1.278 m
测量 模式 标高 下点	

图 2-3-141

(27)按[F2](模式)键进行测量模式的转换(图 2-3-142)。

HR:	2°09′30″
dHR:	22°39′30″
平距*[重复]	−＜ m
dHD:	−5.321 m
dZ:	1.278 m
测量 模式 标高 下点	

图 2-3-142

(28)当显示值 dHR、dHD 和 dZ 均为 0 时，则放样点的测设已经完成(图 2-3-143)。

HR:	2°09′30″
dHR:	0°0′00″
平距*	25.777 m
dHD:	0.000 m
dZ:	0.000 m
测量 模式 标高 下点	

图 2-3-143

(29)按[F4](下点)键，进入下一个点的放样(图 2-3-144)。

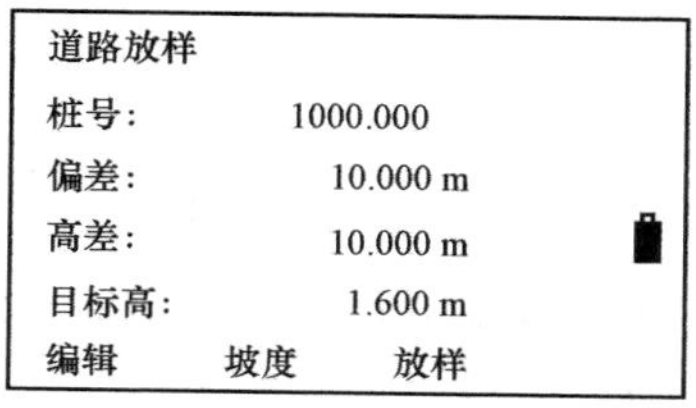

道路放样
桩号: 1000.000
偏差: 10.000 m
高差: 10.000 m
目标高: 1.600 m
编辑 坡度 放样

图 2-3-144

3.7.3 实训要求

一、实训组织与分配

实训时间 2 课时，随堂实训；每 4～5 人为一组，选一名小组长，小组长负责仪器领取及交还。

二、仪器与工具

每小组全站仪 1 台、棱镜 1 个、三脚架 1 个、棱镜对中杆 1 个、5 m 卷尺 1 把。

三、注意事项

同“全站仪的认识与常规测量实训”。

3.7.4 实训报告

根据实训组织、实训任务、实训步骤认真填写全站仪的应用实训报告十。

3.8 圆曲线测设实训

建筑工程、道桥工程、水利工程等中都有圆曲线的测设。特别是主点测设，在工程中有着重要意义和作用。因此，土木工程专业的学生都要熟练掌握圆曲线测设方法。

3.8.1 基础知识

一、圆曲线测设元素及其计算

(1)曲线元素(图 2-3-145)。

R——圆曲线半径；

α——圆曲线转角；

T——切线长；

L——曲线长；

E——外矢距；

D——切曲差。

T
JD
T
α
E
ZY
L
QZ
YZ
R
A
α/2
JD2
O

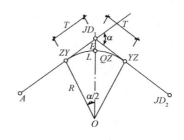

图 2-3-145

(2)计算。

(3)圆曲线半径 R，由路线设计规划确定；圆曲线转角 α，由经纬仪测定。

$$T=R \cdot \tan(\alpha/2) \qquad E=R(\sec\alpha/2-1)$$
$$L=R \cdot \alpha \cdot \pi/180° \qquad D=2T-L$$

(4)圆曲线的主点及其里程计算。

JD 表示交点，即线路的转折点。

圆曲线主点包括曲线起点 ZY(直圆点)、曲线终点 YZ(圆直点)、曲线的中间点 QZ(曲中点)三点。主点里程可根据交点里程和切线长度计算：

$$ZY\ 里程=JD\ 里程-T$$
$$YZ\ 里程=ZY\ 里程+L$$
$$QZ\ 里程=YZ\ 里程-L/2$$

计算检核：

$$JD\ 里程= QZ\ 里程+D/2$$

例如，设交点 JD 里程为 K2+968.43，圆曲线元素 T=61.53 m，L= 119.38 m，D= 3.68 m，试求曲线主点里程。

JD	K2+968.43
$-T$	-61.53
ZY	K2+906.90
$+L$	$+119.38$
YZ	K3+026.28
$-L/2$	-59.69
QZ	K2+966.59
$+D/2$	$+1.84$
JD	K2+968.43

（计算校核）

二、测设方法

主点测设：安置经纬仪于起始桩号 ZY 点上，瞄准起始测设方向倒转望远镜瞄准要测设的方向，由起始桩号 ZY 点起量取 T 得出 JD，再按仪器于 JD 点测设转折角 α，然后量取 T、E，得主点 ZY、YZ、QZ。

三、详细测设

如图 2-3-146 所示。可采用以下方法：

(1)偏角法。

(2)直角坐标计算法。

(3)极坐标法。

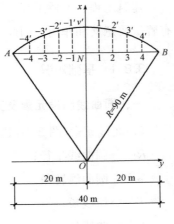

图 2-3-146

3.8.2 补充知识——全站仪常用的日常检验与校正方法

1. 距离加常数的检测

仪器出厂前距离加常数经过严格测定及设置，但由于距离加常数会发生变化，故应在已有基线上定期进行测定。如果无此条件，可按下面介绍的方法进行测定。

注意：仪器和棱镜的安置误差和照准误差都会影响距离加常数的测定结果。因此，作业时应特别细心，必须使仪器和棱镜等高进行检验。

(1)在一平坦场地上，选择相距约100 m的两点A和B，分别在A、B点上设置仪器和棱镜，并定出中点C（图2-3-147）。

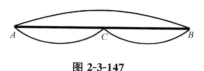

图 2-3-147

(2)精确测定AB的水平距离10次并计算平均值。

(3)将仪器移至C点，在A、B点设置棱镜。

(4)精确测定CA和CB的水平距离10次，分别计算平均值。

(5)用下面的公式计算距离加常数：

$$K=AB-(CA+CB)$$

(6)如果仪器的标准常数和测量后计算所得的常数存在差异，可进入"仪器参数设置"中修改仪器参数。

(7)设置后应在另一基线上再次比较仪器的常数。

2. 照准部水准器

(1)长水准器的检验与校正。

● 检验

①将长水准器置于与某两个脚螺旋A、B连线平行的方向上，旋转这两个脚螺旋使长水准器气泡居中（图2-3-148）。

②将仪器绕竖轴旋转$180°$，观察长水准器气泡的移动，若气泡不居中则按下述方法进行校正。

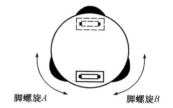

脚螺旋A　　　　　脚螺旋B

图 2-3-148

● 校正

①利用校针调整长水准器一端的校正螺钉，将长水准器气泡向中间移回偏移量的一半（图2-3-149）。

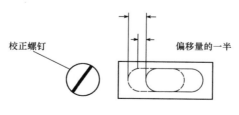

校正螺钉　　　　　偏移量的一半

图 2-3-149

②利用脚螺旋调平剩下的一半气泡偏移量。

③将仪器绕竖轴再一次旋转180°，检查气泡是否居中，若不居中，则应重复上述操作。

（2）圆水准器的检验与校正。

● 检验

利用长水准器仔细整平仪器，若圆水准器气泡居中，则不必校正，否则，应按下述方法进行校正。

● 校正

利用校针调整圆水准器上的三个校正螺钉，使圆水准器气泡居中（图2-3-150）。

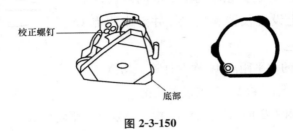

校正螺钉

底部

图 2-3-150

3. 十字丝的检验与校正

● 检验

①将仪器安置在三脚架上，严格整平。

②用十字丝交点瞄准至少50 m外的某一清晰点A。

③望远镜上下转动，观察A点是否沿着十字丝竖丝移动（图2-3-151）。

④如果A点一直沿十字丝竖丝移动，则说明十字丝位置正确（此时无须校正），否则应按下述方法校正十字丝。

● 校正

①逆时针旋出望远镜目镜一端的护罩，可以看见四个目镜固定螺栓（图2-3-152）。

图 2-3-151

目镜固定螺栓

目镜固定螺栓

目镜

图 2-3-152

②用旋具稍微松动四个目镜固定螺栓，旋转目镜座直至十字丝与A点重合，最后将四个目镜固定螺栓旋紧。

③重复上述检验步骤，若十字丝位置不正确则继续校正。

4. 仪器视准轴的检验与校正

● 检验(图 2-3-153)

①将仪器置于两个清晰的目标点 A、B 之间,仪器到 A、B 点距离相等,约 50 m。

②利用长水准器严格整平仪器。

③瞄准 A 点。

④松开望远镜垂直制动手轮,将望远镜绕水平轴旋转 $180°$ 瞄准目标点 B,然后旋紧望远镜垂直制动手轮。

⑤松开水平制动手轮,使仪器绕竖轴旋转 $180°$ 再一次照准 A 点并拧紧水平制动手轮。

⑥松开垂直制动手轮,将望远镜绕水平轴旋转 $180°$,设十字丝交点所照准的目标点为 C,C 点应该与 B 点重合。若 B、C 点不重合,则应按下述方法校正。

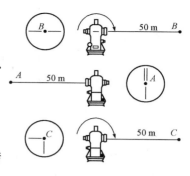

图 2-3-153

● 校正(图 2-3-154)

①旋下望远镜目镜一端的保护罩。

②在 B、C 点之间定出一点 D,使 CD 等于 BC 的 1/4。

③利用校针旋转十字丝的左、右两个校正螺钉将十字丝中心移到 D 点。

④校正后,应按上述方法进行检验,若达到要求则校正结束,否则应重复上述校正过程,直至达到要求。

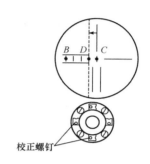

图 2-3-154

5. 光学对点器的检验与校正

● 检验

①将光学对点器中心标志对准某一清晰地面点。

②将仪器绕竖轴旋转 $180°$,观察光学对点器的中心标志,若地面点仍位于中心标志处,则不需校正,否则,需按下述步骤进行校正。

● 校正

①打开光学对点器望远镜目镜的护罩,可以看见四个校正螺钉,用校针旋转这四个校正螺钉,使对点器中心标志向地面点移动,移动量为偏移量的一半(图 2-3-155)。

②利用脚螺旋使地面点与对点器中心标志重合。

③再一次将仪器绕竖轴旋转 $180°$,检查中心标志

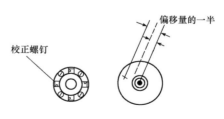

图 2-3-155

与地面点是否重合,若两者重合,则不需校正,如不重合,则应重复上述校正步骤。

6. 激光对点器的检验与校正

● 检验

①按动激光对点器开关，将激光点对准某一清晰地面点。

②将仪器绕竖轴旋转180°，观察激光点，若地面点仍位于激光点处，则不需校正，否则，需按下述步骤进行校正。

● 校正

①打开激光对点器的护罩，可以看见四个校正螺钉，用校针旋转这四个校正螺钉，使对点器激光点向地面点移动，移动量仍为偏移量的一半。

②利用脚螺旋使地面点与对点器激光点重合。

③再一次将仪器绕竖轴旋转180°，检查激光点与地面点是否重合，若两者重合，则不需校正，如不重合，则应重复上述校正步骤。

第三部分

单项实训任务

项目一　水准测量实训报告

1.1　水准测量实训报告一——水准仪认识与使用

1.1.1　实训目的和要求

一、实训目的

(1)掌握水准仪的测量原理、构造及各部件的作用。

(2)初步掌握水准仪的操作方法。

二、实训要求

(1)实训时间 2 课时，随堂实训；每位同学至少观测两测站。

(2)实训场地：校园。

(3)每寝室分两组，选两名小组长，小组长负责领取、保管及交还仪器。

(4)仪器工具：DS3 型微倾水准仪、DS3 型自动安平水准仪各 1 台，即每组 1 台；三脚架 2 个。

1.1.2　实训任务

(1)水准仪的认识实训。

(2)熟悉水准测量观测过程。

(3)填写实训报告(表 3-1-1)。

表 3-1-1　水准仪各组成部分及其功能

序号	部件名称	作　用
1	准星与照门	
2	目镜对光螺旋	
3	物镜对光螺旋	
4	制动螺旋	
5	微动螺旋	
6	微倾螺旋	

序号	部件名称	作　　用
7	脚螺旋	
8	圆水准器	
9	水准管	
10	水准管观测窗	

1.1.3　实训步骤

(1)安置仪器及粗平。

1)安置三脚架操作要领：_____。

2)粗平操作规律：_____。

(2)照准、调焦。

1)概略照准操作要求：_____。

2)目镜调焦操作要领：_____。

3)物镜调焦操作要领：_____。

4)精确照准操作要领：_____。

(3)精平和读数。

1)精平操作规律：_____。

2)读数方法：_____。

(4)整理实训数据，填写表 3-1-2 并上交。

表 3-1-2　水准测量观测手簿

日期：		仪器：		观测：		
天气：		地点：		记录：		

测站	观测次数	后视读数/m	前视读数/m	高差/m	两次平均高差/m	备注：观测员、记录员、立尺人
1	1					
	2					
2	1					
	2					
3	1					
	2					
3	1					
	2					

(5)总结实训心得体会。

1.2 水准测量实训报告二——普通水准测量

按图 3-1-1 所示进行水准测量。

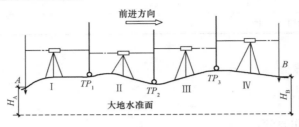

图 3-1-1

1.2.1 实训目的和要求

一、实训目的

熟练掌握水准测量。

二、实训要求

场地：校园。

时间：4 或 6 课时随堂实习。

小组每位同学至少观测一测站。

三、必须注意的问题

(1)怎样消除视差？ _____。

(2)每次读数时必须_____。

(3)在一测站观测完后，前视尺 _____。切记！

四、操作规程

(1)三脚架架头基本水平。

(2)气泡运动规律与左手大拇指运动方向一致。

(3)操作两手同时向里或同时向外(原理：一个脚螺旋在升，一个脚螺旋在降，气泡水平)，如图 3-1-2(a)所示。

(4)转动第三个脚螺旋使气泡居中，如图 3-1-2(b)所示。

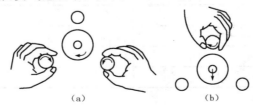

(a)   (b)

图 3-1-2

1.2.2　实训任务

一、实训任务 1——普通水准测量

(1)每寝室分两组，选两名小组长，小组长负责仪器领取、保管及交还。

(2)仪器工具：DS3 型微倾水准仪、DS3 型自动安平水准仪各 1 台，每组 1 台；三脚架 2 个。

(3)填写表 3-1-3、表 3-1-4。

表 3-1-3　双面尺法水准测量往、返观测记录

日期：		仪器：	地点：		观测员：	记录员：	立尺员：
测站	点号	观测次数	后视度数/m	前视度数/m	高差/m	高差平均值/m	高程/m
1	A	1					156.00
		2					
2		1					
		2					
3		1					
	B	2					
往测计算检核 $\sum$ ：							
4	B	1					
		2					
5		1					
		2					
6		1					
		2					
7	A	1					
		2					
返测计算检核 $\sum$ ：							

表 3-1-4　往、返观测水准路线成果计算表

测段编号	距离/km	测站数	实测高差/m	改正数/m	改正后的高差/m	高程/m
往测						156.00
返测						
Σ						
辅助计算	$f_{容}=$					
	$f_h=$					

二、实训任务 2——2014 年山东省春季高考土建水利类专业技能考试

项目名称　水准测量

1. 技能要求

(1)能正确安置水准仪。

(2)熟悉水准仪操作规程。

(3)能正确进行观测和记录。

(4)能进行变动仪器高法测站检核和测段计算检核。

(5)会对测量结果进行处理。

(6)测量精度符合等外水准测量要求。

2. 设备及工具

(1)自带设备:DS3 型自动安平水准仪 1 套,包括主机和三脚架;签字笔、铅笔、橡皮、小刀、非编程计算器。

(2)现场提供:水准尺 2 根,辅助立尺人员 2 人,硬质室外场地,记录板,记录和计算表格。

3. 考核时间及考试组织

(1)考试时间:20 分钟。

(2)考试组织:采用现场实际操作形式,按图 3-1-3 所示测量水准路线并计算待定点的高程,填写表 3-1-5～表 3-1-9。

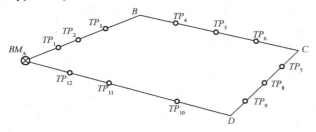

图 3-1-3

表 3-1-5　变动仪器高法水准测量往测观测记录

测站	点号	后视度数/m	前视度数/m	高差/m	观测高差差值/m≤±6 mm	高差平均值
1	A					
	TP_1					
	TP_1					
	A					
2	TP_1					
	TP_2					
	TP_2					
	TP_1					
3	TP_2					
	TP_3					
	TP_3					
	TP_2					
4	TP_3					
	B					
	B					
	TP_3					

变动仪器高法,改变仪器的高度在 10 cm 以上,等外水准测量高差差值的允许值为 ±3 mm。

检核 $\sum h_{AB} =$

表 3-1-6　往、返观测水准路线成果计算表

测段编号	距离/km	测站数	实测高差/m	改正数/m	改正后的高差/m	高程/m
往测						23.231
返测						
$\sum$						
辅助计算	$f_容 =$ $f_h =$					

79

表 3-1-7 闭合水准测量观测记录表

	日期：	仪器：		观测：	
	天气：	地点：		记录：	

测站	点号	后视读数/m	前视读数/m	高差/m	备注（观测成员安排）： 观测员、记录员、立尺人
1	A				
	TP_1				
2	TP_1				
	TP_2				
3	TP_2				
	TP_3				
4	TP_3				
	B				
5	B				
	TP_4				
6	TP_4				
	TP_5				
7	TP_5				
	TP_6				
8	TP_6				
	C				
9	C				
	TP_7				
10	TP_7				
	TP_8				
11	TP_8				
	TP_9				
12	TP_9				
	D				
13	D				
	TP_{10}				
14	TP_{10}				
	TP_{11}				
15	TP_{11}				
	TP_{12}				
16	TP_{12}				
	A				
计算 检核	$h_{AB} =$ m； $h_{BC} =$ m； $h_{CD} =$ m； $h_{DA} =$ m； $\sum h =$				

表 3-1-8　双面尺法闭合水准测量记录表

日期：		仪器：		地点：	观测员：	记录员：	立尺员：
测站	点号	次数	后视度数/m	前视度数/m	高差/m	高差平均值/m	高程/m
1	A	1					23.231
		2					
2		1					
		2					
3	B	1					
		2					
4		1					
		2					
5	C	1					
		2					
6		1					
		2					
7	D	1					
		2					
8	A	1					
		2					
计算检核	$h_{AB} =$　　　　　m；　$h_{BC} =$　　　　　m； $h_{CD} =$　　　　m；　$h_{DA} =$　　　　m； $\sum h =$						

表 3-1-9　闭合观测水准测量成果计算表

测段编号	点名	距离/km	测站数	实测高差/m	改正数/m	改正后的高差/m	高程/m
1	A						23.231
	B						
2							
	C						
3							
	D						
4							
	A						
$\sum$							
辅助计算	$f_h =$ $f_容 =$						

计算步骤：

1.3　水准测量实训报告三——水准仪的检验与校正

1.3.1　圆水准器的检验与校正

一、目的

使圆水准器轴平行于竖轴，即 $L'L'/\!/VV$。

二、要求

掌握检验，了解校正。

三、方法

(1)整平：转动脚螺旋使圆水准器气泡居中。

(2)检验：将仪器绕竖轴转动 $180°$，如气泡仍然居中，说明圆水准器轴平行于竖轴，即 $L'L'/\!/VV$ 条件满足，无须校正，正常使用；如果气泡不再居中，说明 $L'L'$ 不平行于 VV，需要校正。

检验结果：

如需校正：误差值 $x=$

1.3.2　十字丝横丝的检验与校正

一、目的

当仪器整平后，十字丝的横丝应水平，即横丝应垂直于竖轴。

二、要求

掌握检验，了解校正。

三、方法

整平仪器，将望远镜十字丝交点置于墙上一点 P，固定制动螺旋，转动微动螺旋。如果 P 点始终在横丝上移动，则表明横丝水平。如果 P 点不在横丝上移动，表明横丝不水平，需要校正。

检验结果：

如需校正：误差值 $x=$

1.3.3 水准管轴平行于视准轴（i 角）的检验与校正

一、目的

使水准管轴平行于望远镜的视准轴，即 $LL /\!/ CC$。

二、要求

掌握检验，了解校正。

三、方法

（1）选择有适当高差的地面，在地面上定出水平距离约为 30 m 的 A、B 两点，如图 3-1-4 所示。

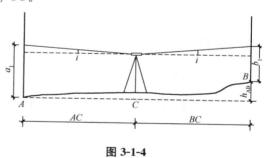

图 3-1-4

（2）取得正确高差：将水准仪置于 A、B 两点中间的 C 点处，用变动仪器高法（或双面尺法）测定 A、B 两点间的高差 h_{AB}，则：$h_{AB}=a_1-b_1$；$h'_{AB}=a'_1-b'_1$，两次高差之差小于 3 mm 时，取其平均值作为 A、B 两点间的正确高差[如有误差 Δ，但因 $AC=BC$，则 $\Delta a=\Delta b=\Delta$，则：$h_{AB}=(a_1-\Delta)-(b_1-\Delta)=a_1-b_1$，在计算过程中抵消了]。

（3）检验。

方法 1：如图 3-1-5 所示，将仪器搬至距 A 尺（或 B 尺）3～5 m 处，精平仪器后，获取 $h'_{AB}=a_2-b_2$，如 $h_{AB}=h'_{AB}$ 则说明水准管轴平行于望远镜的视准轴，即 $LL /\!/ CC$；如 $h_{AB}\neq h'_{AB}$ 则说明使水准管轴不平行于望

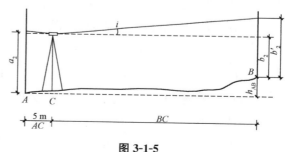

图 3-1-5

远镜的视准轴，需要校正。

方法2：在 A 尺上读数 a_2。因为仪器距 A 尺很近，忽略 i 角的影响。根据近尺读数 a_2 和正确高差 h_{AB} 计算出 B 尺上水平视线时的应有读数为：

$$b_2 = a_2 - h_{AB}$$

然后转动望远镜照准 B 点上的水准尺，精平仪器，读取读数 b'_2。如果实际读出的数 $b'_2 = b_2$，说明 $LL /\!/ CC$。否则，存在 i 角，其值为：

$$i = \frac{b'_2 - b_2}{D_{AB}} \cdot \rho$$

或

$$i = \frac{h_{AB} - h'_{AB}}{D_{AB}} \cdot \rho$$

式中　D_{AB}——A、B 两点间的距离；

　　　ρ——取 206 265″。

对于 DS3 型水准仪，当 $i > 20″$ 时，则需校正。

检验结果：

如需校正：误差值 $i =$

【经典习题】

一、选择题

1. 视线高等于(　　)加上后视点读数。

    A. 后视点高程　　B. 转点高程　　　　C. 前视点高程　　　D. 仪器点高程

2. 在水准测量中转点的作用是传递(　　)。

    A. 方向　　　　　B. 角度　　　　　　C. 距离　　　　　　D. 高程

3. 水准测量时，为了消除 i 角误差对一测站高差值的影响，可将水准仪置于(　　)处。

    A. 靠近前尺　　　B. 两尺中间　　　　C. 靠近后尺　　　　D. 无所谓

4. 水准测量中，同一测站，当后尺读数大于前尺读数时，说明后尺点(　　)。

    A. 高于前尺点　　B. 低于前尺点　　　C. 高于测站点　　　D. 与前尺点等高

5. 水准测量中要求前、后视距相等，其目的是为了消除(　　)的误差影响。

    A. 水准管轴不平行于视准轴　　　　　　B. 圆水准器轴不平行于竖轴

    C. 十字丝横丝不水平　　　　　　　　　D. 以上三者

6. 在水准测量中设 A 为后视点，B 为前视点，并测得后视点读数为 1.124 m，前视点读数为 1.428 m，则 B 点比 A 点(　　)。

    A. 高　　　　　　B. 低　　　　　　　C. 等高　　　　　　D. 无法判断

7. 从观测窗中看到符合水准气泡影像错动间距较大时，需（   ）使符合水准气泡影像符合。

    A. 转动微倾螺旋   B. 转动微动螺旋   C. 转动三个螺旋   D. 转动物镜对光螺旋

8. 转动目镜对光螺旋的目的是（   ）。

    A. 看清近处目标   B. 看清远处目标

    C. 消除视差   D. 看清十字丝

9. 消除视差的方法是（   ）使十字丝和目标影像清晰。

    A. 转动物镜对光螺旋   B. 转动目镜对光螺旋

    C. 反复交替调节目镜及物镜对光螺旋 D. 让眼睛休息一下

10. 脚螺旋使水准仪圆水准器气泡居中的目的是（   ）。

    A. 使视准轴平行于水准管轴   B. 使视准轴水平

    C. 使仪器竖轴平行于圆水准器轴   D. 使仪器竖轴处于铅垂位置

11. 高差闭合差的分配原则为与（   ）成正比例进行分配。

    A. 测站数   B. 高差的大小   C. 距离   D. 距离或测站数

12. 附合水准路线高差闭合差的计算公式为（   ）。

    A. $f_h = h_{往} - h_{返}$ B. $f_h = \sum h$

    C. $f_h = \sum h - (H_{终} - H_{始})$ D. $f_h = H_{终} - H_{始}$

13. 在进行高差闭合差调整时，某一测段按测站数计算每站高差改正数的公式为（   ）。

    A. $V_i = f_h / N (N 为测站数)$ B. $V_i = f_h / S (S 为测段距离)$

    C. $V_i = - f_h / N (N 为测站数)$ D. $V_i = f_h \cdot N (N 为测站数)$

14. 圆水准器轴与水准器管的几何关系为（   ）。

    A. 互相垂直   B. 互相平行   C. 相交呈 60°   D. 相交呈 120°

15. 水准测量中为了有效消除视准轴与水准管轴不平行、地球曲率、大气折光的影响，应注意（   ）。

    A. 读数不能错   B. 前、后视距相等

    C. 计算不能错   D. 气泡要居中

16. 等外（普通）测量的高差闭合差容许值，一般规定为（   ）mm（L 为公里数，n 为测站数）。

    A. $\pm 12\sqrt{n}$ B. $\pm 40\sqrt{n}$

    C. $\pm 12\sqrt{L}$ D. $\pm 40\sqrt{L}$

17. 如图 3-1-6 所示，水准点⊗BM 是（   ）。

    A. 标准点   B. 已知控制点

    C. 高程控制点   D. ±0.000

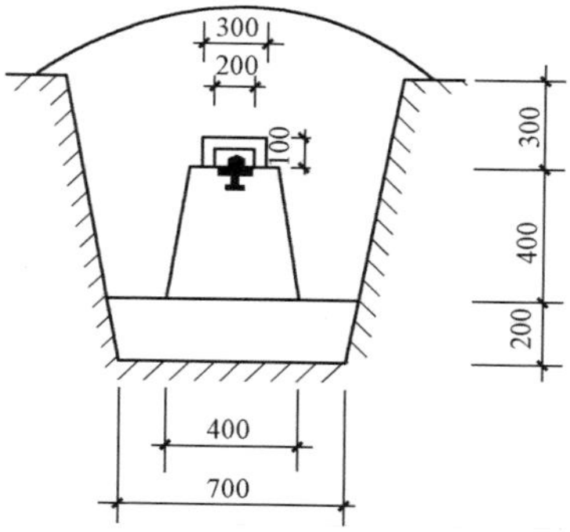

图 3-1-6

二、简答题

1. A 为后视点，B 为前视点，A 点的高程为126.016 m。读得后视读数为1.123 m，前视读数为1.428 m，问 A、B 两点间的高差是多少？B 点比 A 点高还是低？B 点高程是多少？并绘图说明。

2. 何谓视准轴和水准管轴？圆水准器和水准管各起何作用？

3. 何谓视差？如何检查和消除视差？

4. 简述 DS3 型微倾水准仪与 DS3 型自动安平水准仪的主要不同之处。

项目二　角度测量实训报告

2.1　角度测量实训报告一——光学经纬仪的认识与使用

2.1.1　实训目的和要求

一、实训目的

(1)掌握经纬仪的测量原理、构造及各部件的作用。

(2)初步掌握经纬仪的操作方法。

二、实训要求

(1)实训时间 2 课时，随堂实训。

(2)每寝室分两组，选两名小组长，小组长负责领取、保管及交还仪器。

(3)仪器工具：DJ2、DJ6 型光学经纬仪各 1 台，每组 1 台；三脚架 2 个。

2.1.2　实训任务

(1)掌握经纬仪各组成部分及其功能，填写实习记录表 3-2-1。

表 3-2-1　经纬仪各组成部分及其功能

序号	部件名称	作　用
1		
2		
3		
4		
5		
6		
7		
8		
9		
10		
11		
12		

(2)熟练掌握经纬仪使用方法及步骤。

经纬仪的使用分哪四个步骤？_____、_____、_____、_____。

1)安置仪器。

①对中的目的：_____。

②整平的目的：_____。

安置仪器操作要点：

①三脚架的操作要领：_____。

②垂球对中法（图 3-2-1、图 3-2-2）：_____。

③目测对中法：_____。

④施工现场对中法：_____。

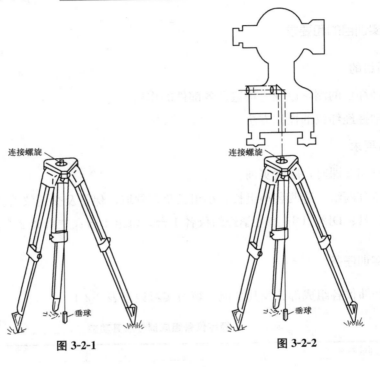

图 3-2-1   图 3-2-2

2)粗略对中、整平。

①粗略对中（图 3-2-3）：_____。

②粗略整平：_____。

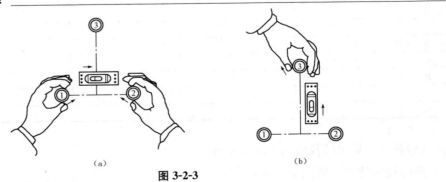

（a）   （b）

图 3-2-3

3)精确对中、整平。

①整平气泡运动操作规律：_____。

②精确整平操作方法：_____。

③为什么施工中水准管与圆水准器气泡要同时居中？_____

_____。

④精确对中操作方法：_____

_____。

⑤施工中为什么对中、整平要同时达到要求？_____

_____。

4)照准、调焦，以 DJ2 型光学经纬仪为例(图 3-2-4、图 3-2-5)。

①概略照准：_____。

②精确调焦、照准的操作方法：_____

_____。

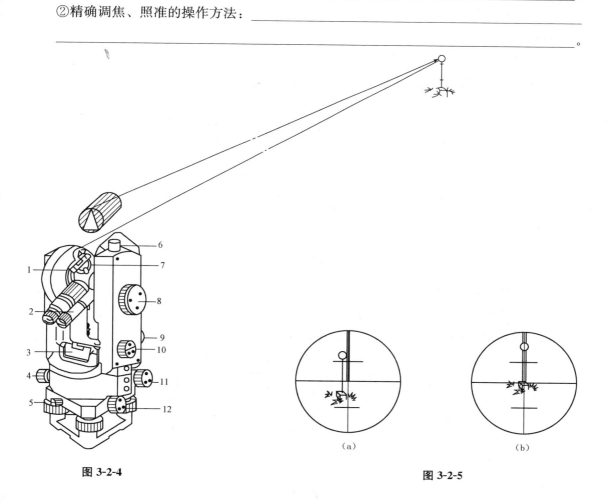

图 3-2-4

(a)　　　　(b)

图 3-2-5

5)读取读数(图 3-2-6、图 3-2-7)。

DJ6 型光学经纬仪起始读数 0°00′00″。

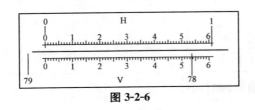
图 3-2-6

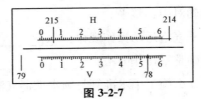
图 3-2-7

操作要领：

①打开_____。

②转动_____螺旋使度盘读数为 0°00′00″。

DJ6 型光学经纬仪读数：

H：_____　　V：_____

DJ2 型光学经纬仪读数方法：

在水平角观测中要求起始读数为 0°00′00″，对径分划线重合。

操作要领：

①分微尺为 0′00″。操作规律[图 3-2-8(a)]：_____。

②度盘为 0°00′，对径分划线重合。操作规律[图 3-2-8(b)]：_____。

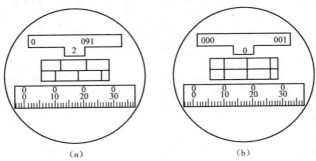

(a)　　　　　　　　　　(b)

图 3-2-8

③每一次瞄准目标读取读数时，必须_____。

其操作规律：_____。

使对径分划线重合后再读取水平度盘读数为（图 3-2-9）：_____。

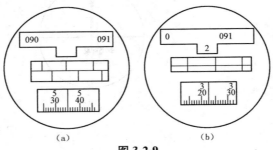

(a)　　　　　　　　　　(b)

图 3-2-9

6)熟悉经纬仪各部件构造、名称、位置及各部件的作用。熟悉经纬仪的操作步骤。回答填写实习任务中的问题，总结实训心得体会并上交。

2.1.3 注意事项

(1)在实训期间仪器跟前不准离人,以防人的跑动碰倒仪器,或大风刮倒仪器。

(2)正确使用仪器各部分螺旋,应注意不能用力强拧螺旋,以防损坏。

(3)操作中水准管与圆水准器气泡要同时居中,否则仪器不满足使用条件。

2.2 角度测量实训报告二——测回法水平角观测

2.2.1 实训目的

(1)熟练掌握经纬仪各部件的名称、构造及作用。

(2)掌握水平角测回法的观测方法。

2.2.2 实训任务

测回法观测水平角。

2.2.3 实训要求

每位同学至少观测一测站。

2.2.4 注意事项

(1)经纬仪对中(图 3-2-10)、整平要反复进行,并同时达到要求,否则测出的水平角不是工程中所需要的角度。

(2)水平角起始读数要求是 $0°00'00''$。

(3)盘左、盘右瞄准时要用十字丝竖丝准确瞄准同一目标,否则所测角值超出允许范围。

盘左:竖直度盘在望远镜的左边,即左手边触摸竖直度盘;

盘右:竖直度盘在望远镜的右边,即右手边触摸竖直度盘;

(4)盘左、盘右瞄准同一目标时,要用十字丝竖丝准确瞄准同一目标,否则所测角值超出允许范围。

(5)DJ2 级光学经纬仪读数时一定要对径分划窗口上下格重齐,才能读取读数。

(6)盘左、盘右同一目标读数应相差 $180°$。

2.2.5 实训步骤

(1)实操步骤(图 3-2-11)。

1)安置仪器(粗略对中、整平)。

2)精确对中、整平。

3)粗略瞄准。

4)目镜调焦。

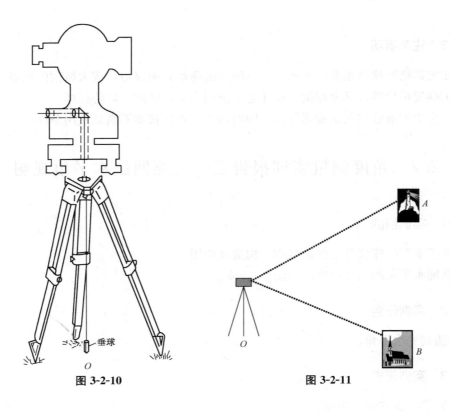

垂球

O

图 3-2-10　　　　　　　　　　　　　图 3-2-11

5）物镜调焦。

6）调焦、照准。

7）观测水平角。

①盘左：$a_左=$ 　　　　　　　 ；$b_左=$

$\qquad\qquad\beta_左=b_左-a_左=$

②盘右：$a_右=$ 　　　　　　　 ；$b_右=$

$\qquad\qquad\beta_右=b_右-a_右=$

③精度要求：$\Delta_\beta=\beta_左-\beta_右=$ 　　　　　　$\leqslant\pm40''$

④一测回角值：$\beta=\dfrac{1}{2}(\beta_左+\beta_右)=$

8）填写表 3-2-2。

表 3-2-2　水平角观测记录

测站	盘位目标		水平角读盘读数	水平角观测值		各测回平均值
				半测回值	一测回值	
			° ′ ″	° ′ ″	° ′ ″	° ′ ″
O	盘左	A				
		B				
	盘右	A				
		B				

测站	盘位目标		水平角度数	水平角观测值		各测回平均值
				半测回值	一测回值	
			° ′ ″	° ′ ″	° ′ ″	° ′ ″
O	盘左	A				
		B				
	盘右	A				
		B				

（2）总结实训心得体会。

2.3 角度测量实训报告三——电子经纬仪水平角观测

2.3.1 实训目的

（1）熟练掌握电子经纬仪显示屏各按键的名称及作用。

（2）熟悉水平角测回法的观测方法。

2.3.2 实训任务

（1）显示屏各按键的名称（图 3-2-12）及作用。

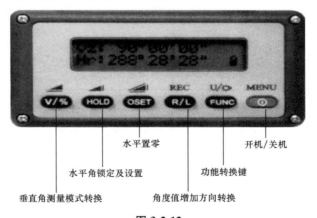

图 3-2-12

（2）观测一测回水平角。

2.3.3 实训要求

每位同学至少观测一测站。

2.3.4 实训步骤

(1)掌握电子经纬仪显示屏各键的名称及其功能，填写实习记录表 3-2-3。

表 3-2-3 电子经纬仪显示屏各键的名称及其功能

序号	显示屏各键的名称	功　　能
1		
2		
3		
4		
5		
6		

(2)熟练掌握电子经纬仪使用方法及步骤。

电子经纬仪操作步骤。

1)_____；2)_____；3)_____；4)_____；5)_____；6)_____；
7)_____。

(3)水平角观测(要求观测两个测回)。

1)盘左：$a_左=$ 　　　　　　；$b_左=$

$\qquad$ $\beta_左=b_左-a_左$

2)盘右：$a_右=$ 　　　　　　；$b_右=$

$\qquad$ $\beta_右=b_右-a_右$

3)精度要求：$\Delta_\beta=\beta_左-\beta_右=$ 　　　　　　$\leqslant\pm20''$

4)一测回角值：$\beta=\dfrac{1}{2}(\beta_左+\beta_右)=$

5)填写表 3-2-4。

表 3-2-4 水平角观测记录

测站	盘位目标		水平角读盘读数	水平角观测值		各测回平均值
				半测回值	一测回值	
			° ′ ″	° ′ ″	° ′ ″	° ′ ″
O	盘左	A				
		B				
	盘右	A				
		B				
O	盘左	A				
		B				
	盘右	A				
		B				

(4)总结实训心得体会。

2.4 角度测量实训报告四——角度闭合差观测

2.4.1 实训目的

(1)练习几何图形水平角闭合差观测方法。

(2)掌握几何图形水平角闭合差计算方法。

2.4.2 实训要求

每测量小组要求完成几何三角形或几何四边形的观测和计算。

2.4.3 实训任务

2014 年山东省春季高考土建水利类专业技能考试

项目名称　角度测量

1. 技能要求

(1)能正确安置经纬仪。

(2)熟悉经纬仪操作规程。

(3)能使用测回法正确地观测、记录和计算水平角。

(4)会计算多边形的闭合差。

2. 设备及工具

(1)自带设备：2 秒级电子经纬仪(或电子全站仪)1 套，包括主机和三脚架；签字笔、铅笔、橡皮、小刀、非编程计算器。

(2)现场提供：测钎 2 根，辅助人员 1 人，硬质室外场地，记录板，记录表格。

3. 考核时间及考试组织

(1)考试时间：20 分钟。

(2)考试组织：采用现场实际操作形式，按图 3-2-13 所示测量多边形的内角并计算闭合差。

一、几何三角形观测

观测步骤：

(1)观测∠O 角值。

(2)观测∠A 角值。

(3)观测∠B 角值。

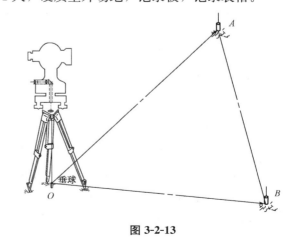

图 3-2-13

(4)计算三角形 AOB 的内角和是否等于 $180°$。

5)填写表 3-2-5。

表 3-2-5　几何三角形记录表

测站	盘位	目标	水平角度数	水平角观测值		三角形 AOB 内角和 与 $180°$ 的差值	改正数	改正后 一测回值
				半侧回值	一测回值			
			$°$ $'$ $''$	$°$ $'$ $''$	$°$ $'$ $''$	$°$ $'$ $''$		$°$ $'$ $''$
O	盘左	A						
		B						
	盘右	A						
		B						
A	盘左	B						
		O						
	盘右	B						
		O						
B	盘左	O						
		A						
	盘右	O						
		A						

计算：实测三角形内角和 $\beta_{测}=$

　　　三角形内角和 $\beta_{理}=180°00'00''$

　　　三角形内角和闭合差 $f_{\beta}=$

　　　改正数：

二、几何多边形观测

按图 3-2-14 所示进行几何多边形观测。

观测步骤：

(1)观测 $\angle AOB$ 角值，同时观测 $\angle AOC$ 角值。

(2)观测 $\angle CAO$ 角值，同时观测 $\angle CAB$ 角值。

(3)观测 $\angle BCA$ 角值，同时观测 $\angle OCA$ 角值。

(4)观测 $\angle OBC$ 角值，同时观测 $\angle OBA$ 角值。

(5)计算四边形 $AOBC$ 的内角和是否等于 $360°$。

(6)计算三角形 AOC 的内角和是否等于 $180°$。

（7）计算三角形 AOB 的内角和是否等于 $180°$。

（8）填写表 3-2-6。

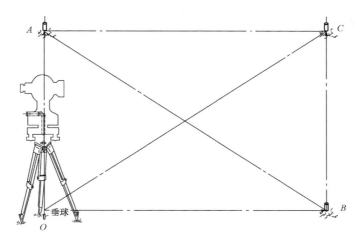

图 3-2-14

表 3-2-6　几何多边形观测

测站	盘位目标		水平角度数	水平角观测值		与180°差值	改正数	第一次改正一测回值	几何多边形 $AOBC$ 内角和与理论值的差值	改正数	第二次改正一测回值
				半测回值	一测回值						
			° ′ ″	° ′ ″	° ′ ″	° ′ ″		° ′ ″	° ′ ″		° ′ ″
O	盘左	A									
		B									
	盘右	A									
		B									
	盘左	A									
		C									
	盘右	A									
		C									
A	盘左	C									
		O									
	盘右	C									
		O									
	盘左	C									
		B									
	盘右	C									
		B									

测站	盘位	目标	水平角度数	水平角观测值		与180°差值	改正数	第一次改正一测回值	几何多边形 AOBC 内角和与理论值的差值	改正数	第二次改正一测回值
				半测回值	一测回值						
			° ′ ″	° ′ ″	° ′ ″	° ′ ″		° ′ ″	° ′ ″		° ′ ″
C	盘左	B									
		A									
	盘右	B									
		A									
	盘左	B									
		O									
	盘右	B									
		O									
B	盘左	O									
		C									
	盘右	O									
		C									
	盘左	O									
		A									
	盘右	O									
		A									

计算：实测多边形内角和 $\beta_{测}=$

多边形内角和 $\beta_{理}=180°00′00″$

多边形内角和闭合差 $f_\beta=$

改正数：

计算：实测多边形内角和 $\beta_{测}=$

多边形内角和 $\beta_{理}=360°00′00″$

多边形内角和闭合差 $f_\beta=$

改正数：

2.5 角度测量实训报告五——竖直角及垂直度观测

2.5.1 实训目的

(1)熟练掌握竖直角观测方法。

(2)掌握建筑物及构筑物垂直度观测方法。

2.5.2 实训要求

每位同学要观测一测站的竖直角和建筑物或一根柱子的垂直度。

2.5.3 实训任务

一、竖直角观测

竖直角观测(图3-2-15)操作步骤:

(1)安置三脚架概略对中。

(2)安置仪器精确对中、整平。

(3)概略瞄准。

(4)目镜调焦。

(5)物镜调焦。

(6)精确瞄准。

(7)读取观测值。

(8)填写竖直角观测记录(表3-2-7)。

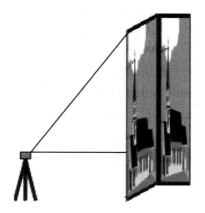

图3-2-15

表 3-2-7 竖直角记录表

班级:_____ 学号:_____ 姓名:_____ 小组:_____

测站	目标	竖盘位置	竖盘读数	竖直角	平均角值	指标差
O	A	左				
		右				

1)盘左:$\alpha_{左}=90°-L=$

2)盘右:$\alpha_{右}=R-270°=$

3)精度要求:$X=\dfrac{1}{2}[(L+R)-360°]=$

4)竖直角:$\beta=\dfrac{1}{2}(\beta_{左}-\beta_{右})=$

二、垂直度观测

1. 建筑物或柱子垂直度观测

(1)在建筑物观测棱边的45°延长线上,距离≥1.5H选择观测点(图3-2-16)。

(2)安置三脚架概略对中。

(3)安置仪器精确对中、整平。

图3-2-16

(4)概略瞄准。

(5)目镜调焦。

(6)物镜调焦。

(7)准确瞄准。

垂直度观测：望远镜十字丝竖丝瞄准所测建筑物顶部的边缘，固定照准部，望远镜往下辐射到建筑物的底部，量取偏差值计算偏差度。

(8)填写垂直度观测记录(表3-2-8)。

表 3-2-8　经纬仪垂直度记录表

班级：_____　学号：_____　姓名：_____　小组：_____

测站	目标	竖盘位置	是否有偏差值	平均偏差值	允许偏差值	备注
O	A	左				
		右				
	B	左				
		右				

1)盘左：$\delta_左=$

2)盘右：$\delta_右=$

3)倾斜值：$\delta=\frac{1}{2}(\delta_左+\delta_右)=$

4)精度要求：$x=\frac{1}{2}[(L+R-360°)]=$

5)垂直度：$l=\frac{\delta}{H}=$

(9)总结实训心得体会。

2. 建筑物或柱子垂直面观测

(1)安置经纬仪于建筑物垂直面的延长线上，距离$\geqslant$1.5H选择观测点(图3-2-17)。

(2)填写垂直面观测记录(表3-2-9)。

1)盘左：$\delta_左=$

2)盘右：$\delta_右=$

3)倾斜值：$\delta=\frac{1}{2}(\delta_左+\delta_右)=$

4)精度要求：$x=\frac{1}{2}[(L+R-360°)]=$

5)垂直度：$l=\frac{\delta}{H}=$

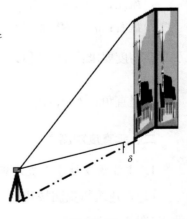

图 3-2-17

表 3-2-9　经纬仪垂直面记录表

班级：_____　学号：_____　姓名：_____　小组：_____

测站	目标	竖盘位置	是否有偏差值	平均偏差值	允许偏差值	备注
O	A	左				
		右				
	B	左				
		右				

(3)总结实训心得体会。

2.6　角度测量实训报告六——经纬仪的检验与校正

2.6.1　实训目的

掌握经纬仪各轴线必须满足的条件及检验方法。

2.6.2　实训任务

1. 经纬仪的轴线(图 3-2-18)及其应满足的条件

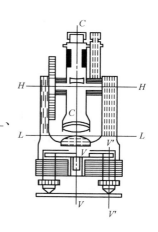

图 3-2-18

(1)经纬仪的轴线：_____、_____、

_____、_____。

(2)应满足的条件：

_____、_____、_____、

_____、_____、_____。

2. 经纬仪的检验与校正

(1)水准管轴的检验与校正。

目的：使水准管轴垂直于竖轴。

要求：掌握检验，了解校正。

方法：

1)整平仪器：包括圆水准器和水准管气泡同时居中。

2)将仪器旋转180°。

3)如水准管气泡仍居中，说明水准管轴与竖轴垂直。

4)若气泡不居中，则说明水准管轴与竖轴不垂直，需要校正。

检验结果：

如需校正：误差值 $x=$

(2)十字丝竖丝垂直于横轴的检验与校正。

目的：使十字丝竖丝垂直于横轴。

要求：掌握检验，了解校正。

方法：

1)离墙面大于 5 m 处安置仪器整平，将望远镜十字丝交点画在墙上为 P 点，固定制动螺旋，转动竖直微动螺旋，观察十字丝竖丝移动[图 3-2-19(a)]。

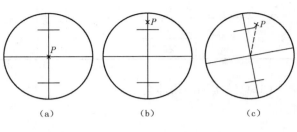

图 3-2-19

2)如果十字丝竖丝始终沿着 P 点移动，则证明十字丝竖丝垂直于横轴[图 3-2-19(b)]。

3)如果十字丝竖丝不沿 P 点移动，则证明十字丝竖丝不垂直于横轴，需要加以校正[图 3-2-19(c)]。

检验结果：

如需校正：误差值 $x=$

(3)望远镜视准轴的检验与校正。

目的：使视准轴垂直于横轴。

要求：掌握检验，了解校正。

注：视准轴不垂直于横轴所偏离的角值 c 称为视准轴误差。具有视准轴误差的望远镜绕横轴旋转时，视准轴将扫过一个圆锥面，而不是一个竖直面。

方法：

1)在 A、B 两面都有墙面或柱子，在之间选择 $20\sim100$ m 间距(距离越远，则误差越大、越易检查)，现选择柱间距 24 m，在 AB 连线中点 O 处安置经纬仪，对中、整平仪器(图 3-2-20)。

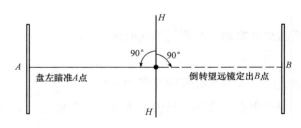

图 3-2-20

2)盘左：望远镜放置水平竖直度盘为90°，瞄准柱子(或墙面)把十字丝交点画在柱子上为 A 点，制动照准部，倒转望远镜盘右放置水平竖直度盘为270°，瞄准对面柱子(或墙面)，把十字丝交点画在柱子上为 B 点[图3-2-21(a)]。

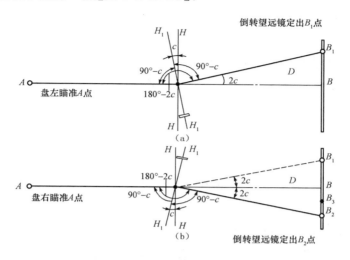

图 3-2-21

3)盘右：打开照准部制动螺旋，再次瞄准 A 点，望远镜放置水平竖直度盘为270°，制动照准部，倒转望远镜放置水平竖直度盘为90°，看是否能找到 B 点，如果能找到 B 点，则证明视准轴垂直于横轴，即 $LL \perp CC$。

如果找不到 B 点(即 B 为 B_1 点)[图3-2-21(b)]，再在柱子上画出 B_2 点，说明视准轴不垂直于横轴，需要校正。

检验结果：

如需校正：误差值 $c = \dfrac{B_1 B_2}{4D} \rho =$

(4)横轴垂直于竖轴的检验与校正(图3-2-22)。

目的：使横轴垂直于竖轴。

要求：掌握检验，了解校正。

方法：

1)在距一垂直墙面20～30 m处安置经纬仪，整平仪器。

图 3-2-22

2)盘左位置，瞄准墙面上高处一明显目标 P，仰角宜在30°左右。

3)将望远镜放置水平，固定照准部，根据十字丝交点在墙上定出一点 P_1。

4)倒转望远镜成盘右位置，再次瞄准 P 点，再将望远镜放置水平，固定照准部，定出

点 P_2；如果 P_1、P_2 两点重合，说明横轴是水平的，即横轴垂直于竖轴；否则，需要校正。

检验结果：

如需校正：误差值 $x=$

(5)竖盘指标差的检验与校正(图 3-2-23)。

目的：竖盘指标差 $x=0°$。

要求：观测竖直角时随时检查 $x=(L+R)-360°=0°$。

方法：

1)对于同一台仪器来说，指标差应是一个常数。

2)盘左：望远镜水平竖盘读数实际上是 $90°+x$；盘右实际上是 $270°+x$。

3)盘左、盘右观测的正确竖直角应为：

$$\alpha_左=(90°+x)-L$$
$$\alpha_右=R-(270°+x)$$

由上两式可以导出：

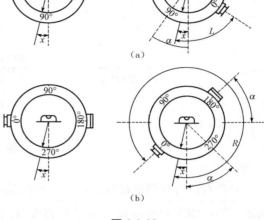

（a）

（b）

图 3-2-23

$$x=\frac{1}{2}(L+R-360°)$$

故：盘左读数 L 和盘右读数 R 相加应为 $360°$，即 $(L+R)-360°=0°$。因在操作过程中难免有盘左、盘右的瞄准误差，所以指标差 $x\geqslant1'$ 时仪器的指标差才需要校正。

检验结果：

如需校正：误差值 $x=$

(6)对中器的检验与校正(图 3-2-24、图 3-2-25)。

目的：使对中器视准轴的折光轴与仪器竖轴重合。

要求：安置仪器每次对中、整平必须检查。

方法：

1)整平仪器。

2)把对中器圆圈中心画在地面上为 O 点，绕竖轴 $180°$，看对中器圆圈中心与地面上 O 点是否还重合。

3)若重合，说明对中器视准轴的折光轴与仪器竖轴重合，证明检验合格，可正常使用。

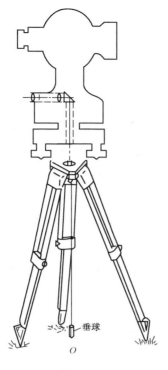

图 3-2-24

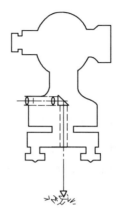

图 3-2-25

4)若不重合，需要校正。

检验结果：

如需校正：误差值 $x=$

(7)总结实训心得体会。

【经典习题】

一、选择题

1. 经纬仪精确整平的要求是(   )。

   A. 转动脚螺旋使水准管气泡居中   B. 转动脚螺旋使圆水准器气泡居中

   C. 转动微倾螺旋使水准管气泡居中   D. 水准管与圆水准器气泡同时居中

2. 经纬仪的安置顺序是(   )。

   A. 整平   B. 对中   C. 读取读数   D. 照准、调焦

3. 经纬仪安置时，整平的目的是使仪器的(   )。

   A. 竖轴位于铅垂位置，水平度盘水平   B. 水准管气泡居中

   C. 竖盘指标处于正确位置   D. 圆水准器气泡居中

4. 产生视差的原因是（　　）。

    A. 仪器校正不完善　　　　　　　　　　　B. 物像与十字丝面未重合

    C. 十字丝分划板不正确　　　　　　　　　D. 目镜成像错误

5. 用经纬仪观测水平角时，尽量照准目标的底部，其目的是消除（　　）误差对测角的影响。

    A. 对中　　　　　　　B. 照准　　　　　　　C. 目标偏心　　　　　D. 整平

6. 采用盘左、盘右的水平角观测方法，可以消除（　　）误差。

    A. 对中　　　　　　　　　　　　　　　　　B. 十字丝的竖丝不铅垂

    C. 视准轴不垂直于横轴　　　　　　　　　D. 整平

7. 若经纬仪的视准轴与横轴不垂直，在观测水平角时取其平均值，其盘左、盘右的误差影响是（　　）。

    A. 大小相等，符号不同　　　　　　　　　B. 大小相等，符号相同

    C. 大小不等，符号相同　　　　　　　　　D. 允许范围

8. 用测回法观测水平角，可以消除（　　）。

    A. 2C　　　　　　　　　　　　　　　　　B. 指标差

    C. 横轴误差、大气折光误差　　　　　　　D. 对中误差

9. 当经纬仪的望远镜上下转动时，竖直度盘（　　）。

    A. 与望远镜一起转动　　　　　　　　　　B. 与望远镜相对转动

    C. 不动　　　　　　　　　　　　　　　　D. 有时一起转动，有时相对转动

10. 观测某目标的竖直角，盘左读数为 $101°23'36''$，盘右读数为 $258°36'00''$，则指标差为（　　）。

    A. $24''$　　　　　　B. $-12''$　　　　　　C. $-24''$　　　　　　D. $12''$

11. 经纬仪的竖盘按顺时针方向注记，当视线水平时，盘左竖盘读数为 $90°$，若盘左读数为 $75°10'24''$，则此目标的竖直角为（　　）。

    A. $57°10'24''$　　　B. $-14°49'36''$　　　C. $14°49'36''$　　　D. $-57°10'24''$

12. 竖直指标水准管气泡居中的目的是（　　）。

    A. 使度盘指标处于水平位置　　　　　　　B. 使竖盘处于铅垂位置

    C. 使竖盘指标处于铅垂位置指向 $90°$　　　D. 使竖盘指标指向 $0°$

13. 经纬仪视准轴检验和校正的目的是（　　）。

    A. 使横轴垂直于竖轴　　　　　　　　　　B. 使视准轴垂直于横轴

    C. 使视准轴平行于水准管轴　　　　　　　D. 使视准轴平行于横轴

14. 在经纬仪照准部的水准管检校过程中，仪器按规律整平后，把照准部旋转 $180°$，气泡偏离零点，说明（　　）。

    A. 水准管轴不平行于横轴　　　　　　　　B. 仪器竖轴不垂直于横轴

C. 水准管轴不垂直于仪器竖轴 　　　　D. 竖轴不垂直于十字丝横丝

15. 光学经纬仪应满足( )项几何条件。

　　A. 3　　　　　　　B. 4　　　　　　　C. 5　　　　　　　D. 6

二、简答题

1. 经纬仪上有几对制动与微动螺旋？它们各起什么作用？

2. 经纬仪精确整平时水准管与圆水准器气泡为什么必须同时居中？

3. 经纬仪精确对中时应特别注意什么？

4. DJ6 型与 DJ2 型光学经纬仪的区别是什么？DJ2 型光学经纬仪分微尺测微器读数时应注意什么？为什么 DJ2 型比 DJ6 型精度高 60 倍？

5. DJ2 型光学经纬仪读数时为什么对径分划窗口上下格重齐，才能读取读数？

6. 观测水平角时，为什么要求用盘左、盘右观测？盘左、盘右观测取平均值能否消除水平度盘不水平造成的误差？

7. 盘左、盘右读取读数时为什么相差 180°？

8. 测量水平角与测量竖直角有何不同？

9. 为什么在读取竖直度盘读数时要求竖盘指标为 90°？

10. 电子经纬仪有哪些功能？其与光学经纬仪的主要区别是什么？

11. 如果施工中水准管与圆水准器气泡不能同时居中，这台仪器在工程中能否使用？

项目三　距离测量实训报告

一、实训目的

(1)练习直线定线。

(2)练习普通钢尺量距。

(3)练习在某一方向上已知距离的测设。

二、实训任务

(1)在实训场地上相距 60～80 m 的 A、B 两点各打一木桩,作为直线的端点桩,木桩上钉小铁钉或画十字线作为点位标志,木桩高出地面约 5 cm。

(2)进行直线定线。先在 A、B 两点立好标杆,观测员甲在 A 点标杆后面 1 m 左右,用单眼通过 A 标杆一侧瞄准 B 标杆同一侧,形成视线,观测员乙拿着一根标杆到欲定点①处,侧身立好标杆,根据甲的指挥左右移动,当甲观测到①点标在 A、B 杆同一侧并视线相切时,喊"好",乙即在①点做好标志,插一测钎,这时①点就是直线上的一点。同法可以标定出②点、③点等位置。如需将 AB 线延长,则可仿照上述方法,在 AB 直线延长线上定线。

(3)丈量距离。在记录表中进行成果整理和精度计算。直线丈量相对误差要小于1/2 000。如果丈量成果超限,要分析原因并进行重测,直至符合要求为止。

(4)已知距离测设。沿 AB 方向,标出已知的距离 D_{AC}、D_{AD}、D_{AE} 的点 C、D、E。

三、实训要求

(1)实训时间 2 课时,随堂实训。

(2)每 4 人一组,选一名小组长,小组长负责仪器领取及交还。

(3)仪器工具:30 m 钢尺 1 把、花杆 3 根、测钎 5 根、木桩 3 根、斧子 1 把、记录板 1 块和工具包 1 个。

(4)实习任务:每人在 AB 段定线一次、测量一次、记录计算一次和标定已知距离的点 3 个。

四、注意事项

（1）本次实训内容多，各组同学要互相帮助，以防出现事故。

（2）借领的仪器和工具在实训中要保管好，防止丢失。

（3）钢尺切勿扭折或在地上拖拉，用后要用油布擦净，然后卷入盒中。

（4）往返测要重新定线。

五、填写距离丈量记录

根据实训组织、实训任务、实训步骤认真填写表 3-3-1、表 3-3-2。

表 3-3-1　距离丈量记录

工程名称：_____　　　天气：_____　　　钢尺型号：_____

钢尺名义长度：_____ *m*　　量距者：_____　　　记录者：_____

测线	方向	整尺段数	零尺段 /m	合计 /m	较差 /m	平均值 /m	精度	备注

表 3-3-2　距离测设记录

日期：＿＿＿＿＿	班级：＿＿＿＿＿	组别：＿＿＿＿＿	姓名：＿＿＿＿＿	学号：＿＿＿＿＿
实训名称	钢尺一般量距和已知距离测设		成绩	
仪器和工具				
实训 场地 布置 草图				
实训 主要 步骤				
实训 总结				

【经典习题】

一、填空题

1. 距离丈量的相对误差的公式为_____。

2. 距离丈量是用_____误差来衡量其精度的，该误差是用分子为_____的形式来表示。

3. 丈量地面两点间的距离，指的是两点间的_____距离。

4. 视距测量的距离和高差的计算公式为_____。

二、单项选择题

1. 某段距离的平均值为 100 m，其往返较差为＋20 mm，则相对误差为(　　)。

   A. $\dfrac{0.02}{100}$　　　　　　B. 0.002　　　　　　C. $\dfrac{1}{5\ 000}$

2. 在距离丈量中衡量精度是用(　　)。

   A. 往返较差　　　　　B. 相对误差　　　　　C. 闭合差

3. 距离丈量的结果是求得两点间的(　　)。

   A. 斜线距离　　　　　B. 水平距离　　　　　C. 折线距离

4. 往返丈量直线 AB 的长度为：$D_{AB}=126.72$ m，$D_{BA}=126.76$ m，其相对误差为(　　)。

   A. $K=1/3\ 100$　　　B. $K=1/3\ 300$　　　C. $K=0.000\ 315$

5. 钢尺量距的基本工作是(　　)。

   A. 拉尺、丈量读数、记温度　　　　　　B. 定线、丈量读数、检核

   C. 定线、丈量、计算与检核

6. 当视线倾斜进行视距测量时，水平距离的计算公式是(　　)。

   A. $D=K\cos 2\alpha$　　　B. $D=Kl\cos\alpha$　　　C. $D=Kl\cos 2\alpha$

7. 视距测量是用望远镜内的视距丝装置，根据几何光学原理同时测定两点间的(　　)的一种方法。

   A. 倾斜距离和高差　　　B. 水平距离和高差　　　C. 距离和高程

三、多项选择题

1. 用钢尺进行直线丈量，应(　　)。

   A. 尺身放平　　　　　　　　　　　B. 确定好直线的坐标方位角

   C. 丈量水平距离　　　　　　　　　D. 目估或用经纬仪定线

   E. 进行往返丈量

2. 视距测量可同时测定两点间的(　　)。

   A. 高差　　　　　　B. 高程　　　　　　C. 水平距离

   D. 高差与平距　　　E. 水平角

四、简答题

1. 距离丈量有哪些主要误差来源？

2. 钢尺的名义长度与实际长度有何区别？

3. 什么是水平距离？为什么测量距离的最后结果都要化为水平距离？

4. 为什么要进行直线定向？确定直线方向的方法有哪几种？

项目四 全站仪的应用实训报告

4.1 全站仪的应用实训报告一
——全站仪的常规测量

4.1.1 实训目的

(1)认识全站仪的构造，了解仪器各部件的名称和作用。

(2)初步掌握全站仪的操作要领。

(3)掌握全站仪测量角度、距离和坐标的方法。

4.1.2 实训任务

如图 3-4-1 所示，地面上选三个地面点 O、A、B，其中 $O(1\,000，1\,000，150)$，后视方向 OB 的方位角 $\alpha_{OB}=45°00'00''$。完成以下实训内容：

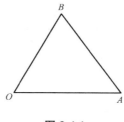

图 3-4-1

采用测回法一测回观测 $\angle O$、$\angle A$、$\angle B$；

采用对向观测的方法测量 OB、OA、AB 的水平距离，其中每测回观测三次；

根据 O 点和 B 点的已知数据，量取仪器高度和 A 点目标高度，观测 A 点的坐标。

4.1.3 实训报告

根据实训组织、实训任务、实训步骤认真填写实训报告(表 3-4-1～表 3-4-3)。

表 3-4-1　全站仪测回法测水平角记录

日期：_____　　天气：_____　　仪器型号：_____　　组号：_____

观测者：_____　　记录者：_____　　立棱镜者：_____

测点	盘位	目标	水平度盘读数 ° ′ ″	水平角检测值 半测回值 ° ′ ″	一测回值 ° ′ ″	示意图
O	左	B				
		A				
	右	B				
		A				
B	左	A				
		O				
	右	A				
		O				
A	左	O				
		B				
	右	O				
		B				

表 3-4-2　全站仪水平距离和高差测量记录

日期：_____　　天气：_____　　仪器型号：_____　　组号：_____

观测者：_____　　记录者：_____　　立棱镜者：_____

直线 起点	终点	往测水平距离/m 第一次	第二次	第三次	平均	返测水平距离/m 第一次	第二次	第三次	平均	平均值 /m
OB										
OA										
AB										

表 3-4-3　全站仪三维坐标测量记录

日期：_____　　天气：_____　　仪器型号：_____　　组号：_____

观测者：_____　　记录者：_____　　立棱镜者：_____

已知：测站点的三维坐标为：$X=$_____ m，$Y=$_____ m，$H=$_____ m。

测站点至后视点的坐标方位角 $\alpha=$_____。

量得：测站仪器高 $=$_____ m，前视点的棱镜高 $=$_____ m。

用盘左测得前视点的三维坐标为：$X=$_____ m，$Y=$_____ m，$H=$_____ m。

用盘右测得前视点的三维坐标为：$X=$_____ m，$Y=$_____ m，$H=$_____ m。

平均坐标为：$X=$_____ m，$Y=$_____ m，$H=$_____ m。

4.2 全站仪的应用实训报告二
——三维坐标放样

4.2.1 实训目的

(1)熟悉全站仪的安置及常规操作。

(2)掌握利用全站仪进行距离测设及点位三维坐标的测设方法。

4.2.2 实训任务

实训任务一：

如图3-4-2所示，地面有两个已知点 O 和 B，其中测站点坐标 O(5 678.123，2 451.392，100)，B 作为已知后视点，OB 边的坐标方位角 $\alpha_{OB}=221°37'45''$，量取仪器高度和棱镜高度，利用全站仪放样的方法放样三个点位 P_1(5 691.416，2 453.664，101.123)、P_2(5 694.524，2 456.002，100.651)、P_3(5 697.857，2 458.534，100.486)。

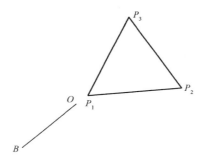

图3-4-2

实训任务二：

放样完成后，采用测回法观测一测回测量 $\angle P_1$、$\angle P_2$、$\angle P_3$，及 P_1P_2、P_1P_3、P_2P_3 的水平距离和 P_1P_2、P_1P_3、P_2P_3 之间的高差。

4.2.3 实训报告

根据实训组织、实训任务、实训步骤认真填写实训报告(表3-4-4～表3-4-7)。

表 3-4-4 实训任务一记录

日期：_____　　　　天气：_____　　　　仪器型号：_____　　　　组号：_____

观测者：_____　　　记录者：_____　　　立棱镜者：_____

已知：测站点的三维坐标为：X＝_____ m，Y＝_____ m，H＝_____ m。

测站点至后视点的坐标方位角 α＝_____。

待放样点_____的三维坐标为：X＝_____ m，Y＝_____ m，H＝_____ m。

待放样点_____的三维坐标为：X＝_____ m，Y＝_____ m，H＝_____ m。

待放样点_____的三维坐标为：X＝_____ m，Y＝_____ m，H＝_____ m。

量得：测站仪器高＝_____ m，前视点的棱镜高＝_____ m。

则：待放样点_____处的地面，需_____（填"填"或"挖"），其填挖高度为_____ m。

待放样点_____处的地面，需_____（填"填"或"挖"），其填挖高度为_____ m。

待放样点_____处的地面，需_____（填"填"或"挖"），其填挖高度为_____ m。

表 3-4-5　实训任务二记录

量得：测站仪器高＝_____ m，前视点的棱镜高＝_____ m。

测点	目标	水平度盘读数 ° ′ ″	半测回值 ° ′ ″	一测回值 ° ′ ″	水平距离/m	高差/m
O	B					
	A					
	B					
	A					
B	A					
	O					
	A					
	O					
A	O					
	B					
	O					
	B					

表 3-4-6　结论 1

观测角	理论值	实测值	差值
$\angle P_1$			
$\angle P_2$			
$\angle P_3$			

表 3-4-7　结论 2

边	理论水平距离/m	实测水平距离/m	差值/m	理论高差/m	实测高差/m	差值/m
P₁P₂						
P₁P₃						
P₂P₃						

4.3　全站仪的应用实训报告三
——全站仪操作流程

一、开机顺序

开机→星号键→照明→根据箭头指向(按功能键对应指示方向调节屏幕内容)→补偿(整平)→指向(发出激光指向)→参数→退出[ESC]。

二、水平角观测

P1↓→P2→复测→瞄准第一个目标→置零→瞄准第二个目标→锁定→再瞄准第一个目标→释放→置零→再瞄准第二个目标。

三、距离测量

瞄准目标→测量。

四、坐标测量

1. 采集坐标点

P1↓→P2→设置(输入仪器高和目标高)→确认→测站[设置测站点(0,0,0)]→确认→后视[设置后视点(1,1,0)]→确认→照准后视(HR:45°00′00″)→照准后视棱镜,再按[是]→转动照准部照准所测目标,再按[测量]。

2. 放样坐标点

(1)P3↓→放样→调用→确定(A 盘)→P1→ P2→新建→按数字键[3](新建坐标文件)→输入坐标文件名(100)→确认→(找到 100)→确认。

(2)按数字键[1](设置测站点)→调用→添加→输入点名、编码、测站点坐标(N:0 E:0　Z:0)→确认→[ENT]→[是]→输入仪器高→确认。

(3)按数字键[2](设置后视点)→调用→添加→输入点名、编码、测站点坐标(N:1 E:0　Z:1.2)→确认→[ENT]→[是]→照准后视→按[是]。

(4)按数字键[3](设置放样点)→调用→添加→输入点名、编码、放样点坐标(N:5 E:5　Z:1.2)→确认→[ENT]→[是]→输入目标高→确认→放样计算值→HR=

45°00′00″→HD＝7.071 m→距离→HR＝0°00′00″→dHR＝（－45°00′00″）→转动照准部→dHR＝0°00′00″（指挥棱镜安在望远镜十字丝竖丝方向线上）→测量→平距＝3.98 m→dHD＝－1.02 m（指挥棱镜向前）→测量（直到）→平距＝7.071 m→dHD＝－0.000 m（为止）→在地面上定下放样点。

4.4 全站仪的应用实训报告四
——建筑物定位放样

一、开机顺序

开机→星号键→调节有无棱镜→补偿→整平、对中→退出。

二、建筑物定位放样

按图 3-4-3 所示进行建筑物定位放样。

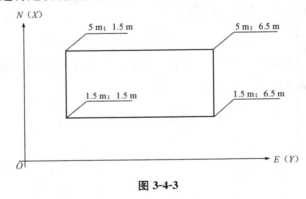

图 3-4-3

（1）[MENU]→放样→文件名 A→确认。

（2）设置测站点→调用→添加→点名 0→编码 01→N：0.000→E：0.000→Z：0.000→确认→[ENT]→设置测站点→N0：0.000—E0：0.000→Z0：0.000→[是]→仪器高 1.2 m→确认。

（3）设置后视点→调用→添加→点名 1→编码 02→N：5.000→E：0.000→Z：0.000→确认→设置后视点 NBS：5.000→EBS：0.000→ZBS：0.000→[是]→照准后视→HR＝0°00′00″→[是]。

（4）设置放样点→调用→添加→点名 3→编码 03→N：1.500→E：1.500→Z：0.000→确认→[ENT]→设置放样点→N：1.500—E：1.500→Z：0.000→[是]→目标高 1.1 m→确认→计算值：HR＝45°00′00″→HD＝2.121 m→可按"距离"或按"指挥"→转动照准部使 dHR＝0°00′00″→指挥棱镜放在望远镜十字丝交点上→测量→平距：2.446 m→dHD＝0.325 m→指挥棱镜向前 0.325 m→直到 dHD＝0.000 m→下点。

（5）重复（4）设置放样点→调用→添加。

4.5 全站仪的应用实训报告五
——几何多边形检测

按图 3-4-4 所示进行几何多边形检测。

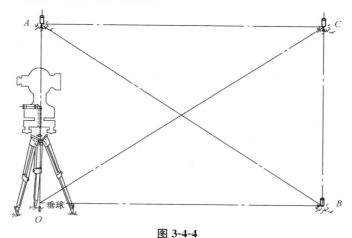

图 3-4-4

几何多边形检测步骤：

(1)检测∠AOB 角值，同时检测∠AOC 角值。

(2)检测∠CAO 角值，同时检测∠CAB 角值。

(3)检测∠BCA 角值，同时检测∠OCA 角值。

(4)检测∠OBC 角值，同时检测∠OBA 角值。

(5)计算四边形 AOBC 的内角和是否等于 360°。

(6)计算三角形 AOC 的内角和是否等于 180°。

(7)计算三角形 AOB 的内角和是否等于 180°。

(8)填写表 3-4-8。

表 3-4-8 几何多边形检测记录

测点	盘位目标		水平角度数	水平角检测值		与180°差值	改正数	第一次改正一测回值	多边形 AOBC 内角和与理论值的差值	改正数	第二次改正一测回值
				半侧回值	一测回值						
			° ′ ″	° ′ ″	° ′ ″	° ′ ″		° ′ ″	° ′ ″		° ′ ″
O	盘左	A									
		B									
	盘右	A									
		B									
	盘左	A									
		C									
	盘右	A									
		C									

测点	盘位目标		水平角度数	水平角检测值		与180°差值	改正数	第一次改正一测回值	多边形AOBC内角和与理论值的差值	改正数	第二次改正一测回值
				半侧回值	一测回值						
			° ′ ″	° ′ ″	° ′ ″	° ′ ″		° ′ ″	° ′ ″		° ′ ″
A	盘左	C									
		O									
	盘右	C									
		O									
	盘左	C									
		B									
	盘右	C									
		B									
C	盘左	B									
		A									
	盘右	B									
		A									
	盘左	B									
		O									
	盘右	B									
		O									
B	盘左	O									
		C									
	盘右	O									
		C									
	盘左	O									
		A									
	盘右	O									
		A									

4.6 全站仪的应用实训报告六
——几何三角形定位放样

一、开机

开机→星号键→调节有无棱镜→补偿→整平、对中→退出。

二、几何三角形定位放样

按图 3-4-5 所示进行几何三角形定位放样。

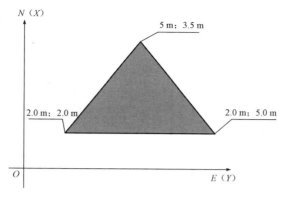

图 3-4-5

（1）［MENU］→放样→文件名 A→确认。

（2）设置测站点→调用→添加→点名 0→编码 01→N：0.000→E：0.000→Z：0.000→确认→［ENT］→设置测站点→N0：0.000—E0：0.000→Z0：0.000→［是］→仪器高 1.2 m→确认。

（3）设置后视点→调用→添加→点名 1→编号 02→N：5.000→E：0.000→Z：0.000→确认→设置后视点 NBS：3.000→EBS：1.000→ZBS：0.000→［是］→照准后视→HR＝18°26′05″→［是］。

（4）设置放样点→调用→添加→点名 3→编码 03→N：2.000→E：2.000→Z：0.000→确认→［ENT］→设置放样点→N：2.000→E：2.000→Z：0.000→［是］→目标高 1.1 m→确认→计算值：HR＝45°00′00″→HD＝2.828 m→可按"距离"或按"指挥"→HR＝18°26′05″→dHR＝－26°33′52″顺时针转动照准部使 dHR＝0°00′00″→指挥棱镜放在望远镜十字丝交点上→测量→平距：2.61 m→dHD＝－0.218 m→指挥棱镜向后退 0.325 m→直到 dHD＝0.000 m→下点。

（5）重复（4）设置放样点→调用→添加。

4.7 全站仪的应用实训报告七
——三角形角度闭合差检测

4.7.1 实训目的

（1）练习三角形水平角闭合差检测方法。

（2）熟悉三角形水平角闭合差计算方法。

4.7.2 实训要求

每测量小组完成几何三角形的检测和计算。

4.7.3 实训任务

按图 3-4-6 所示进行三角形角度闭合差检测。

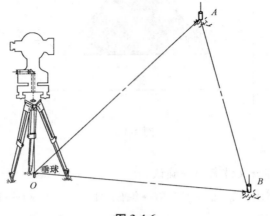

图 3-4-6

几何三角形检测步骤：

(1)检测∠AOB 角值。

(2)检测∠OAB 角值。

(3)检测∠ABO 角值。

(4)计算三角形 AOB 的内角和是否等于 180°。

(5)填写表 3-4-9。

表 3-4-9   几何三角形记录表

测站	盘位目标		水平角度数	水平角检测值		三角形 AOB 内角和与 180°的差值	改正数	改正后一测回值
				半测回值	一测回值			
			° ′ ″	° ′ ″	° ′ ″	° ′ ″		° ′ ″
O	盘左	A						
		B						
	盘右	B						
		A						
A	盘左	B						
		O						
	盘右	O						
		B						
B	盘左	O						

4.8 全站仪的应用实训报告八
——道路工程测量放样

一、开机

开机→星号键→调节有无棱镜→补偿→整平、对中→退出→菜单→[4]程序→[6]道路→[1](水平定线)→DISK：A确定→P1(翻页)→P2(新建)→P1(翻页)→P2[5](新建水平定线文件)→文件名00确认→按下光标选中00.SHL→确认[ENT]→添加起始点→桩号：0.000→N：000→E：000→确认→起始点→添加→水平定线→桩号：0.000→方位：0°00′00″→01→直线→方位：0°00′00″确认→长线500→确认→水平定线→桩号：500.000→方位：0°00′00″02→缓曲→缓和曲线→半径→500→确认→弧长100→水平定线→桩号：600.000→方位：5°43′46″03→圆弧→圆曲线→半径200→确认→弧长60→水平定线→桩号：660.000→方位：22°55′05″→04→缓曲→缓和曲线→半径500→弧长100→确认→水平定线→桩号：760.000方位：28°38′52″05→直线→方位：28°38′52″确认→线长500→确认→水平定线→桩号：1260.00→方位：28°38′52″06→退出[ESC]→退出[ESC]。

二、道路工程测量放样

(1)道路放样→[1](选择文件)→[1](选择水平定线文件)→文件名A→确认→退出[ESC]。

(2)设置测站点→桩号：0.000→偏差：0.000→仪器高1.2→确认→测站点0.00→编码0000→NO：00→EO：00→ZO：00确认。

(3)设置后视点→桩号10.000→确认→偏差：0.000→目标高1.000→确认→后视点：10.000→编码0000→NBS：10.000→EBS：0.000→ZBS：0.000→确认→照准后视0°00′00″→[是]。

(4)设置放样点→道路放样→起始桩号0.000→确认→桩间距50→确认→左偏差：0.000→确认→右偏差→确认→道路放样→桩号：0.000→偏差：0.000→高差：0.000→目标高：1.000→编辑→桩号：50.000→确认→偏差：0.000→确认→高差：0.000→确认目标高：1.000→确认→放样→点名：50.000→编码0000→N：50.000→E：0.000→Z：0.000→确认→道路放样→HR=0°00′00″→HD=50.000 m→可按"距离"或按"指挥"→棱镜放在望远镜十字丝交点上→测量→HR=0°00′00″→dHR=0°00′00″→平距：35.446 m→dHD=−14.554 m→指挥棱镜向后退14.554 m→直到平距：50.000 m→dHD=0.000 m→下点。

搬站至里程桩号50点位上(对中、整平后)照准后视→放样→点名：100.00→编号：0.000→N：100.000→E：0.000→Z：0.000→确认(重复上述操作，指挥棱镜，直到里程桩号500.000)。

缓和曲线→搬站至里程桩号500.000点位上(照准后视)→计算值→HR=0°05′43″→

HD＝248.997 m→距离→转动照准部使 dHR＝0°00′00″→测量→指挥棱镜重复定点操作（下点、放样）。

或按指挥棱镜→转动照准部↔0°00′00″→测量→按箭头 ⇨ ⇦ 指挥前、后、左、右移动棱镜。

4.9　全站仪的应用实训报告九
——后方交会

4.9.1　实训目的

（1）熟悉全站仪的操作。

（2）理解后方交会的原理。

（3）掌握利用全站仪进行交会定点（后方交会）的方法。

4.9.2　实训任务

实训任务一：

如图 3-4-7 所示，在地面上找三个已知点 A、B、C，三点坐标值为（100，100）、（100，90）、（90，90）。

操作步骤：

（1）先固定一地面点 A，坐标为（100，100）。

（2）以 A 为测站点，按照距离放样的方法精确放样 10 m 水平距离，定出 B 点。

（3）以 A 为测站点，B 为后视点，按坐标放样的方法精确放样出 C 点点位。

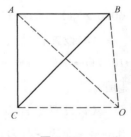

图 3-4-7

实训任务二：

（1）另外选取一点 O，该点距离三个地面已知点 A、B、C 之间的距离均要大于 10 m。

（2）在新点 O 上安置全站仪，选择后方交会程序，观测 A、B、C 三点计算 O 点坐标值。

4.9.3　实训报告

根据实训组织、实训任务、实训步骤认真填写实训报告（表 3-4-10）。

表 3-4-10　全站仪后方交汇记录

观测者：_____　　记录者：_____　　立棱镜者：_____

测站点的仪器高度 $H=$_____ m，棱镜目标高 $h=$_____ m。

观测点 A 坐标为：$X=$_____ m，$Y=$_____ m。

观测点 B 坐标为：$X=$_____ m，$Y=$_____ m。

观测点 C 坐标为：$X=$_____ m，$Y=$_____ m。

交会测站点 O 的坐标为：$X=$_____ m，$Y=$_____ m。

4.10　全站仪的应用实训报告十
——道路平曲线放样

4.10.1　实训目的

(1)熟悉全站仪的操作。

(2)掌握道路平曲线要素计算方法。

(3)掌握利用全站仪进行道路平曲线测设的方法。

4.10.2　实训任务

一、道路直线放样

(1)显示选择文件类型，如按数字键［3］（选择放样坐标文件）（图 3-4-8）。

图 3-4-8

(2)显示选择放样坐标文件屏幕，可直接输入要调用数据的文件名，也可从内存中调用文件（图 3-4-9）。

图 3-4-9

(3)按［F2］（调用）键，显示磁盘列表，选择需作业的文件所在的磁盘，按［F4］或

[ENT]键进入，显示坐标数据文件目录(图 3-4-10)。

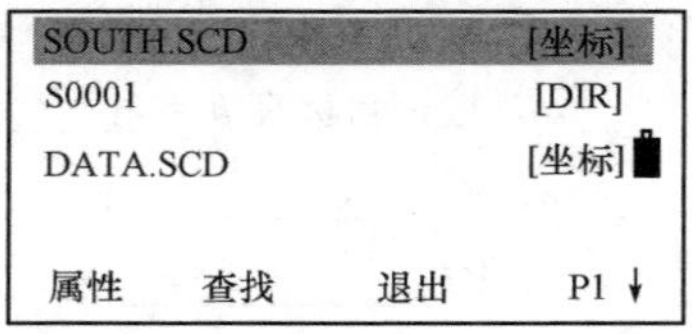

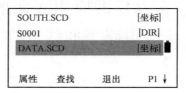

图 3-4-10

(4)按[▲]或[▼]键可使文件表向上或向下滚动，选择一个工作文件(图 3-4-11)。

图 3-4-11

(5)按[F4](确认)键，文件即被选择。按[ESC]键，返回"道路放样"菜单。

(6)在"道路放样"菜单中按数字键[2]选择"设置测站点"(图 3-4-12)。

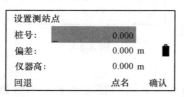

图 3-4-12

(7)进入设置测站点屏幕(图 3-4-13)。

图 3-4-13

(8)输入测站点的桩号、偏差，按[F4](确认)键(图 3-4-14)。

<table>
<tr><td colspan="2">设置测站点</td></tr>
<tr><td>桩号：</td><td>1000.000</td></tr>
<tr><td>偏差：</td><td>0.000 m</td></tr>
<tr><td>仪器高：</td><td>1.600 m</td></tr>
<tr><td>回退</td><td>点名 确认</td></tr>
</table>

图 3-4-14

(9)仪器根据输入的桩号和偏差，计算出该点的坐标(图 3-4-15)。若内存中有该桩号的
垂直定线数据，则显示该点的高程，若没有垂直定线数据，显示为 0。

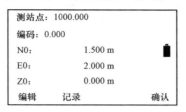

图 3-4-15

(10)按[F4]（确认）键，完成测站点的设置，屏幕返回"道路放样"菜单。

(11)在"道路放样"菜单中选择按数字键[3]选择"设置后视点"（图 3-4-16）。

图 3-4-16

(12)进入设置后视点屏幕（图 3-4-17）。

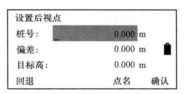

图 3-4-17

(13)按[F3]（点名）键（图 3-4-18）。

图 3-4-18

(14)按[F3]（NE/AZ）键（图 3-4-19）。

图 3-4-19

(15)按[F3](角度)键(图 3-4-20)。

输入方位角
HR: _ 0° 00′ 00″
回退
点名
确认

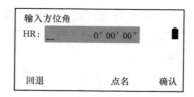

图 3-4-20

(16)输入后视方位角，按[F4](确认)键，屏幕提示照准后视点(图 3-4-21)。

请照准后视点
HR: 60° 00′ 00″
[否]
[是]

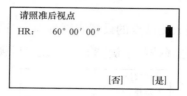

图 3-4-21

(17)照准后视点，按[F4](是)键，后视点设置完毕，屏幕返回道路放样菜单(图 3-4-22)。

道路放样
1. 选择文件
2. 设置测站点
3. 设置后视点
4. 设置放样点

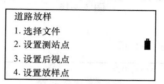

图 3-4-22

(18)在“道路放样”菜单中按数字键[4]选择“设置放样点”。

(19)进入定线放样数据屏幕，输入起始桩号、桩号增量、边桩点与中线的平距(图 3-4-23)，并按[F4](确认)键，进入下一输入屏。

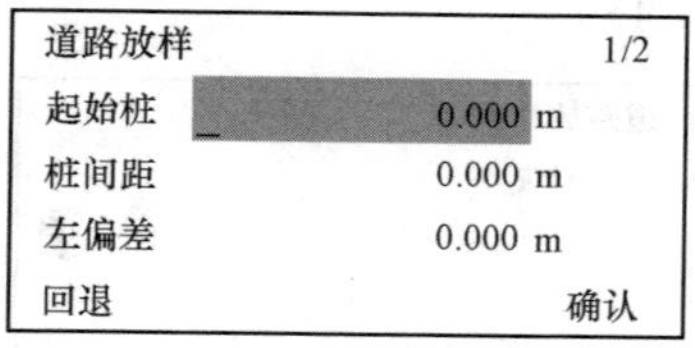

道路放样
1/2
起始桩 _ 0.000 m
桩间距 0.000 m
左偏差 0.000 m
回退
确认

图 3-4-23

左偏差表示左边桩点与中线的平距。

(20)输入边桩与中线点的高程差，并按[F4](确认)键(图 3-4-24)。

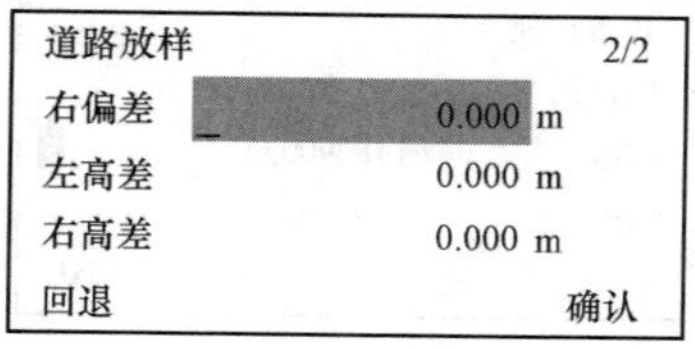

道路放样
2/2
右偏差 _ 0.000 m
左高差 0.000 m
右高差 0.000 m
回退
确认

图 3-4-24

右偏差表示右边桩与中线的平距。

左高差表示左边桩点与中线的高程差。

右高差表示右边桩点与中线的高程差。

(21)显示中线的桩号和偏差屏幕(图3-4-25)。

```
道路放样
桩号:        1000.000
偏差:          0.000 m
高差:          0.000 m       🔋
目标高:        0.000 m
编辑     坡度     放样
```

图 3-4-25

(22)按左偏(或右偏)放样左(或右)边桩,相应的桩号、偏差、高程差将显示在屏幕上。按[F1](编辑)键,可手工编辑桩号、偏差、高差和目标高(图3-4-26)。

偏差为负数表示偏差点在中线左侧。

偏差为正数表示偏差点在中线右侧。

按[▲]或[▼]键减/增桩号。

```
道路放样
桩号:        1000.000
偏差:         10.000 m
高差:         10.000 m       🔋
目标高:        1.600 m
编辑     坡度     放样
```

图 3-4-26

(23)当所要放样的桩号和偏差出现时,按[F3](放样)键确认,屏幕将显示计算出的待放样点的坐标(图3-4-27)。在该屏幕中,按[F2](记录)键可将数据保存在选定的文件中,按[F1](编辑)键可手工编辑数据内容,按[F4](确认)键开始放样。

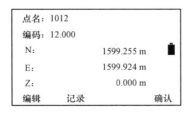

```
点名:1012
编码:12.000
N:           1599.255 m       🔋
E:           1599.924 m
Z:              0.000 m
编辑     记录          确认
```

图 3-4-27

(24)仪器进行放样元素的计算(图3-4-28)。

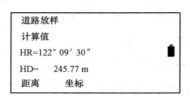

图 3-4-28

HR：放样点的水平角计算值。

HD：仪器到放样点的水平距离计算值。

(25)照准棱镜，按[F1]（距离）键，再按[F1]（测量）键（图 3-4-29）。

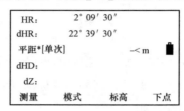

图 3-4-29

HR：实际测量的水平角。

dHR：对准放样点仪器应转动的水平角，等于实际水平角减去计算的水平角。当 dHR＝0°00′00″时，即表明放样方向正确。

平距：实测的水平距离。

dHD：对准放样点尚差的水平距离。

dZ：实测高差减去计算高差。

(26)按[F2]（模式）键进行测量模式的转换（图 3-4-30、图 3-4-31）。

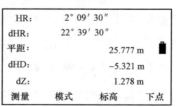

图 3-4-30

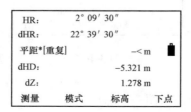

图 3-4-31

（27）当显示值 dHR、dHD 和 dZ 均为 0 时，则放样点的测设已经完成（图 3-4-32）。

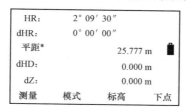

图 3-4-32

（28）按［F4］（下点）键，进入下一个点的放样（图 3-4-33）。

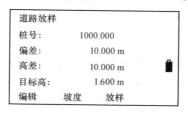

图 3-4-33

二、主点要素计算

图 3-4-34 所示为某市区临街建筑平面设计图示，内弧长为 55 m，中间每间弧长 4 m，两边间弧长为 1.5 m，ZY 点的里程为 DK8＋156.78。

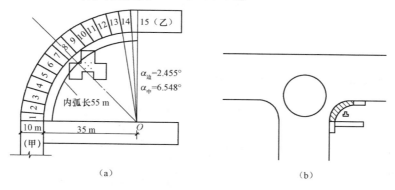

图 3-4-34

（1）切线长 $T=$ _____ m，曲线长 $L=$ _____ m，外距 $E=$ _____ m，切曲差 $D=$ _____ m。

（2）各主点里程：ZY 点＝_____，YZ 点＝_____，QZ 点＝_____，JD 点＝_____。

三、道路中线平曲线测量

（1）线路布设。线路中线由长约 200 m 的线路组成，包含两条曲线和三段直线，如图 3-4-35 所示。

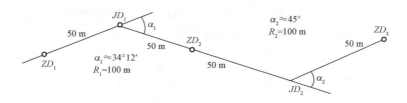

图 3-4-35

(2)施测要求。图 3-4-9 中的 ZD_1、JD_1、ZD_2、JD_2 这些控制线路走向的点，从 ZD_1 点开始沿直线方向测设 50 m 直线距离，测设点 JD_1，在 JD_1 处测设转角 α_1，在方向线上测设 50 m 距离，测设点 ZD_2，继续沿方向线测设 50 m 距离，测设点 JD_2，在 JD_2 点处测设转角 α_2，沿方向线测设 50 m 直线距离，标定点 ZD_3。

各组参考图中的数据在实地标定出上述六点。转向角及各折线段长度要基本符合要求。

曲线间隔 10 m；按照整桩号法设桩；在地形变化处和按设计需要应另设加桩，且加桩宜设在整米处。

1. 圆曲线 1 测设前的计算工作

(1)已知。

1)$\alpha=$

2)$R=$

3)转折点里程桩号为：

(2)要求。

1)查出圆曲线元素与三主点的桩点，填入表 3-4-11。

表 3-4-11　圆曲线主点元素

检查者：＿＿＿＿＿＿＿＿＿　　　　　　　　　　计算者：＿＿＿＿＿＿＿＿＿

切线长		曲线起点的桩号	
曲线长		曲线终点的桩号	
外矢距		曲线中点的桩号	

2)计算用偏角法详细测设曲线时各标定点的桩号、偏角和弦长，填入表 3-4-12。

表 3-4-12　偏角法详细测设

曲线上第 1 点的桩号		点 1 的偏角		弦长	
曲线上第 2 点的桩号		点 2 的总偏角		弦长	
曲线上第 3 点的桩号		点 3 的总偏角		弦长	
曲线上第 4 点的桩号		点 4 的总偏角		弦长	

曲线上第 5 点的桩号		点 5 的总偏角		弦长	
曲线上第 6 点的桩号		点 6 的总偏角		弦长	
曲线上第 7 点的桩号		点 7 的总偏角		弦长	
曲线上第 8 点的桩号		点 8 的总偏角		弦长	
曲线上第 9 点的桩号		点 9 的总偏角		弦长	
曲线上第 10 点的桩号		点 10 的总偏角		弦长	
曲线上第 11 点的桩号		点 11 的总偏角		弦长	
曲线上第 12 点的桩号		点 12 的总偏角		弦长	
曲线上终点的桩号		终点的总偏角		弦长	

曲线终点的总偏角应等于圆心角 α 的一半，但因计算中凑整关系不能完全相等，不过对测量成果无影响。

2. 圆曲线 2 测设前的计算工作

(1)已知。

1)$\alpha=$

2)$R=$

3)转折点里程桩号为:

(2)要求。

1)查出圆曲线元素与三主点的桩点，填入表 3-4-13。

表 3-4-13　圆曲线主点元素计算

检查者:＿＿＿＿＿＿＿＿　　　　　　　　　　　计算者:＿＿＿＿＿＿＿＿

切线长		曲线起点的桩号	
曲线长		曲线终点的桩号	
外矢距		曲线中点的桩号	

2)计算用偏角法详细测设曲线时各标定点的桩号、偏角和弦长，填入表 3-4-14。

表 3-4-14　偏角法详细测设计算

曲线上第 1 点的桩号		点 1 的偏角		弦长	
曲线上第 2 点的桩号		点 2 的总偏角		弦长	
曲线上第 3 点的桩号		点 3 的总偏角		弦长	
曲线上第 4 点的桩号		点 4 的总偏角		弦长	
曲线上第 5 点的桩号		点 5 的总偏角		弦长	
曲线上第 6 点的桩号		点 6 的总偏角		弦长	

曲线上第 7 点的桩号		点 7 的总偏角		弦长	
曲线上第 8 点的桩号		点 8 的总偏角		弦长	
曲线上第 9 点的桩号		点 9 的总偏角		弦长	
曲线上第 10 点的桩号		点 10 的总偏角		弦长	
曲线上第 11 点的桩号		点 11 的总偏角		弦长	
曲线上第 12 点的桩号		点 12 的总偏角		弦长	
曲线上终点的桩号		终点的总偏角		弦长	

曲线终点的总偏角应等于圆心角 α 的一半，但因计算中凑整关系不能完全相等，不过对测量成果无影响。

4.10.3 实训报告

根据实训组织、实训任务、实训步骤认真填写实训报告。

【经典习题】

一、选择题

1. 全站仪的安置操作包括(　　)。

　　A. 对中　　　　　　　B. 对中和整平　　　　C. 整平　　　　　　D. 对中、整平、瞄准

2. 测回法进行水平角观测时照准部旋转顺序是(　　)。

　　A. 左顺右逆　　　B. 左逆右顺　　　C. 左顺右顺　　　D. 左逆右逆

3. 在进行坐标测量的过程中，需要进行的操作有(　　)。

　　A. 设站、测量　　　　　　　　　　B. 设站、后视

　　C. 设站、后视、测量　　　　　　　D. 没有正确答案

4. 在进行坐标测量的过程中，设置后视方向的目的是(　　)。

　　A. 确定坐标轴分划大小　　　　　　B. 确定坐标轴指向

　　C. 确定坐标原点位置　　　　　　　D. 确定坐标的已知方向线

5. 测设的基本工作包括(　　)三项内容。

　　A. 角度测设　　　B. 高程测设　　　C. 点位测设　　　D. 距离测设

6. 在进行点位测设的过程中，需要进行的操作有(　　)。

　　A. 设站、测量　　　　　　　　　　B. 设站、后视

　　C. 设站、后视、放样　　　　　　　D. 没有正确答案

二、简答题

1. 何谓全站仪？全站仪主要能够完成什么测量工作？

2. 描述全站仪的安置操作。

3. 简述全站仪进行点位放样的主要步骤。

【提高能力测试题】

1. 利用全站仪进行建筑物定位放样。如图 3-4-36 所示，已知某建筑红线上两控制点 O（5 423.165，2 583.672）、B(5 425.213，2 634.861)，建筑物一外廊边距离红线 50 m，试分析计算该外廊边所需放样点坐标值，并实地放样出来。

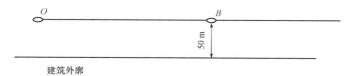

图 3-4-36

2. 利用全站仪进行方向观测法水平角度观测，填写数据记录表(表 3-4-15)并计算。

表 3-4-15 方向观测法水平角测量记录表

测站	测回数	目标	水平度盘读数		2c＝左－(右± 180°)	平均读数	归零后方向值	各测回归零后方向值	略图及角值
			盘左	盘右					
			° ′ ″	° ′ ″	° ′ ″	° ′ ″	° ′ ″	° ′ ″	

第四部分

工程测量应用实训任务

工程测量施工第 1～2 周实训任务

序号	内 容 （可根据不同专业选择内容）	学时分配	简图
1	导线控制测量： (1)检验仪器。 (2)测量导线点间水平距离。 (3)导线点间水平角测量。 (4)绘制水准测量路线简图。 (5)路线检核及内业计算	1	
2	高程控制测量： (1)检验仪器。 (2)根据已知水准点按选定测量路线进行闭合或往返水准测量，引测五个施工控制点 BM_1、BM_2、BM_3、BM_4、BM_5。 (3)绘制水准测量路线简图。 (4)路线检核及成果计算	1	
3	建筑物定位、放线： (1)检验仪器。 (2)全站仪控制测量。 (3)全站仪定位。 (4)全站仪检测控制点及定位点。 (5)放出建筑基线。 (6)扩出开挖边界线	1	

序号	内　容 （可根据不同专业选择内容）	学时分配	简图
4	基坑抄平及基础恢复轴线： （1）测设基坑 0.5 m（或 1 m）标准线。 （2）沿基坑抄 0.5 m（或 1 m）标准线。 （3）检验基坑深度是否达到设计要求。 （4）坑底抄平。 （5）测设垫层指标桩。 （6）画出简图，注明测设过程	1	
5	主体结构施工测量： （1）基础结构外立面、基础顶面测设轴线。 （2）弹出基础顶面轴线墨线。 （3）测设基础外侧−0.100 标准线。 （4）测设平面内控网。 （5）验收基础外侧轴线及平面内控网	1	 1—墙体中线；2—外墙基础；3—轴线标志

序号	内 容 (可根据不同专业选择内容)	学时分配	简图
6	高程传递： (1)沿结构柱外侧投测轴线(或中线)，打出墨线。 (2)根据±0.000用水准仪测设0.5 m(或1 m)标准线。 (3)传递高程。 (4)抄0.5 m(或1 m)标准线。 (5)验收层高及总高。 (6)画出简图，注明测设过程	0.5	
7	道路施工控制桩： (1)测设已知高程，定出A、B起点和终点。 (2)测设已知坡度线，定出1、2、3、4点的施工控制桩。 (3)验收控制点高程。 (4)画出简图，注明测设过程	0.5	
8	碎步测量： (1)小平板仪和经纬仪联测，绘制小地区大比例尺地形简图。 (2)整理实训报告	1	

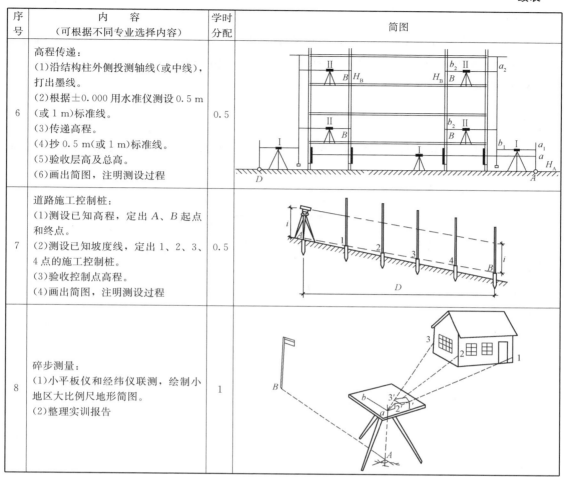

实训报告一——施工现场导线控制测量

一、实训性质和目的

以控制测量、碎步测量及视距测量为主建立施工控制网及绘制大比例尺地形图的综合性教学实训，能使每个学生熟悉控制测量、碎步测量及视距测量外业与内业作业的全过程，掌握施工测量方法、测量规范，利用各种仪器和技术进行数据采集与数据处理。本项实训进一步锻炼了学生对水准仪、经纬仪及全站仪等测量仪器的操作能力，使学生更加熟练掌握各种测量仪器在测量工作中的应用和使用方法。本项综合性实训可在专门的实训场地进行，也可视具体情况结合生产实训进行。本项实训的主要目的为：

(1)巩固和加深课堂所学理论知识，培养学生理论联系实际和实际动手的能力。

(2)熟练掌握常用测量仪器(水准仪、经纬仪、全站仪)的使用。

(3)掌握常用仪器的简单必要检校方法。

（4）掌握导线测量、碎步测量、四等水准测量的观测和计算方法。

（5）了解数字测图的基本程序及相关软件的应用。

（6）通过完成测量实际任务的锻炼，提高学生独立从事工程施工、组织与管理的能力，培养学生相互配合的能力，使学生具有良好的专业品质和职业道德，达到综合素质培养的教学目的。

二、实训任务

以控制测量、碎步测量及视距测量为主建立施工控制网及绘制大比例尺地形图的综合性教学实训，需完成以下实训任务：

（1）采用导线测量完成小地区平面控制测量。

（2）由指导教师根据实训场地选定 BM_A 点，指定后视方向，方位角 45°。实地踏勘待测点 BM_1、BM_2、BM_3、BM_4、BM_5，如图 4-1-1 所示。

（3）用全站仪或经纬仪完成导线测量转折角观测，整理外业工作数据，完成内业计算。

（4）根据内业计算成果，绘制小地区大比例尺地形简图。

（5）整理实训材料，提交实训报告。

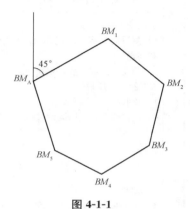

图 4-1-1

三、实训安排及工具

（1）安排：每实训小组由 4～5 人组成，选一名小组长，小组长负责全组的实训组织安排和管理。

（2）每个实训小组设备有：全站仪 1 套、经纬仪 1 套、皮尺 1 把、花杆 2 根、垂球 1 个。自备工程测量应用实训计算书和相关图纸及笔、计算器。

四、教学要求

（1）为保证实训质量，要求教师在布置实训任务时，要根据实训场地的特点有差异地布置。

（2）根据实训任务的内容，要求学生的计算书内容应清晰完整。包括导线测量转折角观测记录表、数据整理及导线内业计算；各种施测简图、测量过程及记录。最后填写好实训报告，上交实训指导教师。

（3）为保证实训质量，要求各项实训数据满足工程测量规范的精度要求。

（4）实训要在教师指导下进行，并要注意开发和调动学生的创新能力，培养学生对所学相关专业知识的综合应用能力和独立工作能力。

（5）每小组由小组长负责小组成员的安全及保护好仪器、按时交还仪器。

五、实训报告

(1)采用测回法观测各转角及连接角，填写测回法水平角观测手簿(表 4-1-1)和导线长度记录表(表 4-1-2)。

表 4-1-1 测回法水平角观测手簿

测站	盘位 目标		水平角度数 ° ′ ″			水平角观测值 半测回值 ° ′ ″	水平角观测值 一测回值 ° ′ ″	各测回 平均值 ° ′ ″
A	左	1	00	00	00			
		5						
	右	1						
		5						
	左	1	90	00	00			
		5						
	右	1						
		5						
1								
2								
3								

测站	盘位 目标	水平角度数			水平角观测值						各测回 平均值		
					半测回值			一测回值					
		°	′	″	°	′	″	°	′	″	°	′	″
4													
5													
Σ													

表 4-1-2　导线长度记录表

导线编号	往测	返测	平均值
Σ			

（2）完成闭合导线坐标计算表（表 4-1-3）。

表 4-1-3　闭合导线坐标计算表

点名	观测角（右）	正数	改正角	坐标方位角	边长/m	增量计算/m		改正后增量/m		坐标值/m	
	° ′ ″	″	° ′ ″	° ′ ″	D	Δx	Δy	Δx	Δy	x	y
1	2	3	4	5	6	7	8	9	10	11	12
2											
3											
4											
5											
6											
7											
8											
9											

计算：实测多边形内角和 $\beta_{测}=$

多边形内角和 $\beta_{理}=180°00′00″$

多边形内角和闭合差 $f_\beta=$

改正数：

绘制导线测量平面控制点布置简图：

实训报告二——高程控制测量

一、实训性质和目的

采用普通水准测量完成小地区高程控制测量，建立施工高程控制网。本项实训的主要目的为：

（1）巩固和加深课堂所学理论知识，培养学生理论联系实际和实际动手的能力。

（2）熟练掌握常用测量仪器水准仪的使用。

（3）掌握常用仪器的简单必要检校方法。

（4）掌握三、四等水准测量的观测和计算方法。

（5）通过完成测量实际任务的锻炼，提高学生独立从事施工、组织与管理的能力，培养学生相互协作的能力，使学生具备良好的专业品质和职业道德，达到综合素质培养的教学目的。

二、实训要求

如图 4-2-1 所示，根据导线控制测量成果水准点 MB_A，测量控制点 BM_1、BM_2、BM_3、BM_4、BM_5 的高程。要求每位同学独立完成一段实测高差任务，求算 BM_1 的高程。小组成员相互协作、组织协调好完成实训过程，完成好每一段实测高差任务。求出 BM_2、BM_3、BM_4、BM_5 的高程。随时做好记录、认真计算实训数据，独立填写好自己的实训报告。

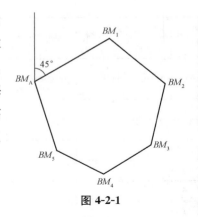

图 4-2-1

三、实训任务

（1）模拟施工现场，根据布设好的导线网，采用普通水准测量，根据导线控制测量成果水准点 BM_A 高程控制点。采用闭合水准路线的方法，测量待定控制点 BM_1、BM_2、BM_3、BM_4、BM_5 处的高程，填写水准测量手簿（表 4-2-1）。

表 4-2-1　水准测量手簿

日期：＿＿＿＿＿　　　仪器：＿＿＿＿＿　　　观测：＿＿＿＿＿

天气：＿＿＿＿＿　　　地点：＿＿＿＿＿　　　记录：＿＿＿＿＿

测站	点号	后视读数/m	前视读数/m	高差/m	备注（观测成员安排）：观测员、记录员、立尺人
1	A				
	TP_1				
2	TP_1				
	TP_2				

测站	点号	后视读数/m	前视读数/m	高差/m	备注(观测成员安排): 观测员、记录员、立尺人
	A				
Σ					

(2)对水准测量数据进行整理、验算,填写水准测量成果计算表(表4-2-2)。水准测量数据要满足精度要求。

表 4-2-2　水准测量成果计算表(闭合水准路线)

测段编号	点名	距离/km	测站数	实测高差/m	改正数/m	改正后的高差/m	高程/m
1	A						23.231
2	1						
3	2						
4	3						
5	4						
6	5						
	A						23.231
Σ							
辅助计算	$f_h=$ $f_容=$						

(3)绘制水准测量高程控制点布设简图。

实训报告三——建筑物定位、放样

一、实训性质和目的

工程应用实训是根据建筑工程技术专业人才培养目标,对学生进行综合能力培养的主要实践性教学环节,也是学生应用所学的专业知识分析解决工程实际问题的综合性训练。本项实训的主要目的为:

(1)掌握测量仪器的使用和测量方法。

(2)掌握建筑方格网、建筑基线的测设方法,提高学生相互配合的团队能力。

(3)掌握已知建筑物进行建筑物定位的测量方法与步骤。

二、实训要求

模拟施工中的施工组织安排,相互配合,要求每位学生分别进行控制测量和建筑物定位、放样,真正做到使每一位学生都与实际工程零距离接触,达到实训目的。

三、实训任务及内容

任务一:

如图 4-3-1 所示,在测量实训场地上或教学楼一层连廊大厅上,模拟施工现场进行建筑方格网控制测量和建筑基线控制测量。

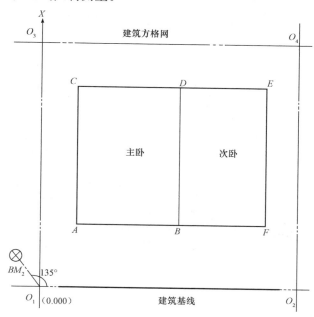

图 4-3-1

BM_2 坐标：$X_2 = 1.50$ m；$Y_2 = -1.50$ m。

O_1 坐标：$X_2 = 0.00$ m；$Y_2 = 0.00$ m。

O_2 坐标：$X_2 = 0.00$ m；$Y_2 = 12.00$ m。

O_3 坐标：$X_3 = 10.00$ m；$Y_3 = 0.00$ m。

A 点坐标：$X_A = 3.00$ m；$Y_A = 2.00$ m。

E 点坐标：$X_E = 7.00$ m；$Y_E = 10.00$ m。

B 点坐标：$X_B = 3.00$ m；$Y_B = 6.50$ m。

仪器：GPS、全站仪、电子经纬仪、皮尺。

GPS 由教师指导定出水准点 BM_2，每小组 1 套全站仪测设建筑方格网和建筑基线，每小组用电子经纬仪或全站仪 1 套、皮尺 1 把测设两居室。

叙述测设建筑方格网和建筑基线控制网的过程及测设两居室的方法和步骤。

任务二：

如图 4-3-2 所示，模拟施工现场；依据原有建筑或道路红线进行拟建建筑物的定位放线。

要求：

(1)以教学楼或图书楼、办公楼、宿舍的横、纵墙为依据进行拟建建筑物的定位放线。

(2)拟建建筑物与原有建筑物南立面相平齐，楼距 14 m，墙厚 370 mm。

(3)模拟施工现场拟建建筑物 15 m×25.8 m。

(4)叙述测设建筑物定位方法及步骤。

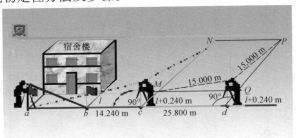

图 4-3-2

任务三：

(1)如图 4-3-3 所示，在实训场地上或在操场上，以班级为单位测设(8 m×11 m)(6 m×11 m)(10 m×11 m)的建筑方格网，再在建筑方格网里测设(6.0 m×9 m)(8.0 m×9 m)教室。

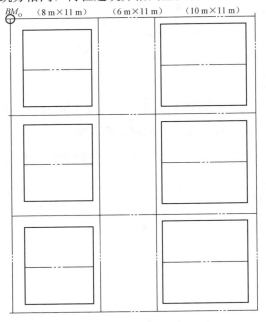

图 4-3-3

（2）仪器：GPS、全站仪、光学经纬仪、电子经纬仪。

（3）实训要求：GPS 由教师指导测定水准点 BM_0（或全站仪引测），指定 2 个小组各领全站仪测设建筑方格网，其余每小组以建筑方格网为基准，用光学经纬仪和电子经纬仪、皮尺测设两间教室。

本任务主要测试班级协作、组织能力，由指导教师检查测设精度评定成绩及检查学生对仪器的操作熟练程度。

叙述：

（1）建筑方格网定位组织方法及具体安排。

（2）建筑方格网定位步骤及测设过程。

（3）建筑物两居室定位放线的步骤及操作过程。

实训报告四——基坑恢复轴线和基坑抄平

一、实训性质和目的

工程应用实训是根据建筑工程技术专业人才培养目标，对学生进行综合能力培养的主要实践性教学环节，也是学生应用所学的专业知识分析解决工程实际问题的综合性训练。本项实训的主要目的为：

（1）掌握基础施工测量。

（2）掌握基础平面轴线图的恢复。

（3）掌握基坑标高控制网测设。

二、实训要求

小组长要分配好实训任务，做到每位小组成员都有任务并能相互交叉作业，模拟施工中的施工组织安排，同时要满足每位学生都能操作不同的岗位，还要轮换操作，真正做到每位学生都与实际工程零距离接触，达到实训目的。

三、实训任务及内容

任务一：

(1)如图 4-4-1 所示，在基底测设轴线控制桩，同时测设基底相互垂直的主控轴线，恢复基底平面轴线图。

1)仪器：全站仪(精度±2″)；电子经纬仪或光学经纬仪(精度±2″)。

2)精度要求：一测回角值±20″；角度闭合差±40″。

(2)基坑抄平。

1)浅基坑抄平(测设已知水平桩)。

2)由施工现场控制桩上的±0.000 标高线，测设基坑里的 0.5 m 或 1 m 水平控制桩。

3)从拐角开始每隔 3～5 m 测设一个水平桩。

4)仪器：DS3 型水准仪。

5)精度要求：单点测设±2 mm；并相互校核，较差控制在±3 mm；水平闭合差±10 mm。

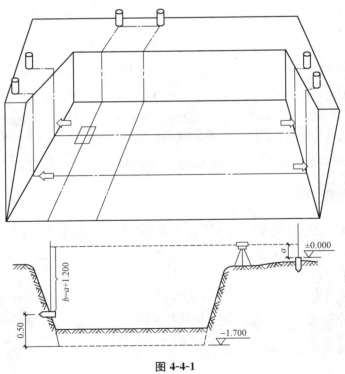

图 4-4-1

(3)叙述：

1)基坑恢复轴线组织协调过程。

2)基坑恢复轴线测设步骤及操作过程。

3)基坑抄平组织协调过程。

4)基坑抄平测设步骤及操作过程。

5)测设水平桩的作用。

任务二:

图 4-4-2 所示为深基坑,高层建筑地下一层车库、二层车库。模拟施工现场,通过高程控制点的联测,向基坑内引测标高。为保证竖向控制的精度,对所需的标高临时控制点即水平桩(又称腰桩)必须正确投测,腰桩的距离一般从角点开始每隔 3～5 m 测设一个,比基坑底计算标高高出 0.5～1.0 m,并相互校核,较差控制在 ±3 mm 即为满足要求。

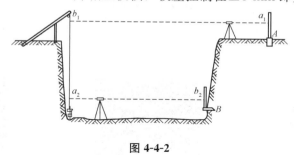

图 4-4-2

已知基坑深 10.8 m,试采用高程传递的方法,设计通过地面水准基点(±0.000 标高点)测设基坑水平桩的方法及步骤,绘制基坑高程控制测设过程示意图,详细叙述测设方法。

任务三：

如图 4-4-3 所示，为了利用高程为 15.400 m 的水准点测设设计高程为 12.000 m 的水平控制桩 B，在基坑的上边缘设了一个转点 C。水准仪安置在坑底时，前、后视点处的水准尺均需倒立。

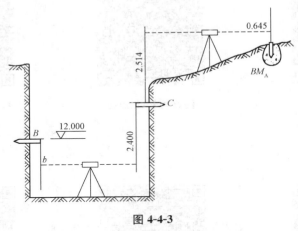

图 4-4-3

要求：

(1)依据图 4-4-3 中所给定的尺读数，试计算尺读数 b 为何值时 B 尺的尺底在 12.000 m 的高程位置上。

(2)叙述具体测设方法。

实训报告五——主体施工和高层建筑内控制网

一、实训性质和目的

基础工程验收完成后，要建立主体施工控制网。如主体施工控制网建立得不详细，会直接影响施工进度、主体施工精度及质量安全。本项实训的主要目的为：

(1)掌握墙体施工控制网的测设方法。

(2)掌握主体施工内控桩的测设方法。

(3)掌握基础外侧高程控制网的测设方法。

二、实训要求

模拟施工中的施工组织安排，相互配合，要求每位学生分别进行控制测量和建筑物内控桩的测设，真正做到每位学生都与实际工程零距离接触，达到实训目的。

三、实训任务及内容

任务一：

(1)主体结构外立面、墙体顶面投测轴线。

(2)要求：在测量实训场地上根据平面控制网校测平面轴线控制桩后，使用经纬仪将轴控线投测到主体结构外立面上，画上红三角，再拉墨线引弹至墙，并弹出外墙大角－0.1 m控制线，如图 4-5-1 所示。

(3)详细叙述测设过程。

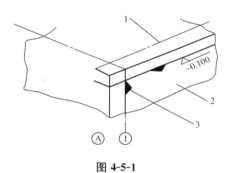

图 4-5-1

1—墙体中线；2—外墙基础；3—轴线标志

任务二：

(1)模拟工程在教学楼一层测设出控制桩和建筑物的主控轴线。

(2)在一层楼地面上测设出内主控桩，依据平面控制网的主控轴线进行施测，并在桩上画出交叉线，交叉点作为标志及作为上部结构轴线垂直控制点。

(3)采用内控点传递法，在二层布设传递孔。模拟工程在二层探出一号图板、丁字尺，在一层内控点上安置垂准仪将内控点投测到二层丁字尺上，移动丁字尺使尺子端头正对垂准仪激光点，并旋转垂准仪 360°观察激光点是否离开尺子端点，回量 1.0 m 定下二层主控轴线，丈量轴线间距定下其他房间轴线。每一个施工段内设置 4 个内控点，组成自成体系的矩形控制方格，控制点编号见内控点平面图(图 4-5-2)。

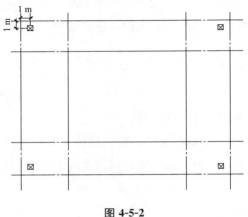

图 4-5-2

(4)详细叙述内控桩的测设过程及内控网的建立。

实训报告六——高程传递

一、实训性质和目的

工程应用实训是根据建筑工程技术专业人才培养目标，对学生进行综合能力培养的主要实践性教学环节，也是学生应用所学的专业知识分析解决工程实际问题的综合性训练。本项实训的主要目的为：

(1)掌握主体施工高程控制测量，测设 0.5 m 或 1.0 m 线的方法。

(2)掌握高程传递的测设方法与步骤。

二、实训任务及内容

任务一：

模拟施工现场：主体施工控制标高，测设 0.5 m 标准线及抄平，传递高程。

柱子的钢筋笼箍绑扎(图 4-6-1)完后要测设高于楼地面 0.5 m 的水平墨线，作为控制楼层标高，门窗过梁、钢筋绑扎标高，模板标高，地面施工及装修时标高控制线——＋50 标高线，即采用水准测量的方法，测设一条高出室内地坪 0.5 m 的水平线。

图 4-6-1

实训内容：

(1)如图 4-6-2 所示，由控制桩上的±0.000 标高，引测施工现场的 0.5 m 标准线并抄平 0.5 m 标准线。

(2)其他各层传递高程。要求在建筑物指定的对角标准柱子上画出中线，在柱子上打出中线墨线，沿墨线用钢尺直接从下层的 0.5 m 标高线向上量该层层高，作标记；用水准仪测设该层 0.5 m 的水平线，并一定要在该层将 0.5 m 的水平线胶圈校核。

(3)模拟工程施工，从教学楼小院或楼前路面上，假设地面控制桩点为±0.000 标高，用测设已知高程方法，引测施工现场的0.5 m标准线至教学楼柱子上，再由柱子上的 0.5 m 标准线进行抄平至其他柱子上的 0.5 m 标准线，并在该层将 0.5 m 的水平线胶圈校核。

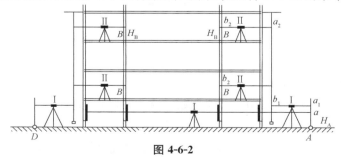

图 4-6-2

（4）叙述：

1）0.5 m 标准线的测设及抄平方法。

2）高程传递过程。

任务二：

（1）模拟施工现场工程质量检查验收（图4-6-3）。

1）由高程控制网验收楼层各层标高及总标高。

2）抽查验收楼层门窗洞口标高。

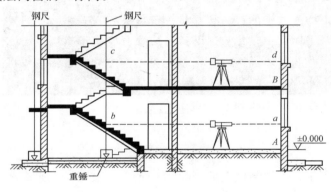

图 4-6-3

（2）叙述：

1）层高及总高验收过程。

2）抽查验收楼层门窗洞口标高过程。

任务三：

模拟施工现场，进行已知坡度线的测设，施工现场测设地下停车场坡道，如图4-6-4所示，已知坡道水平距离为 10.4 m，坡度为 1/8，试采用测设已知高程的方法，在地面上标定出坡道坡面上的点(至少 5 个)。叙述测设方法，填写表 4-6-1。

【特别提示】

坡道可分为室外坡道和室内坡道。室外坡道常用于公共建筑的小入口处(以供车辆行驶直接到达建筑入口)，或有障碍设计要求的建筑出入门处。室内坡道常用于地下车库、地下停车场、医院门诊楼等建筑。坡道坡度一般控制在 15°以下，室内坡道的坡

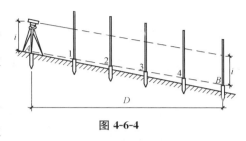

图 4-6-4

度不应大于 1/8，室外坡度不应大于 1/10，用于残疾人轮椅的坡度不宜大于 1/12。如果坡道较长，宜设置休息平台和矮挡墙，以方便轮椅使用。

表 4-6-1　测设已知坡度观测记录

点号	坡度	距离	高程/m	高差/m	后视读数/m	前视应读/m	备注
BM_A							
BM_1							
BM_2							
BM_3							
BM_4							
BM_5							

实训报告七——地形图测绘

一、实训性质和目的

以控制测量、碎步测量及视距测量为主绘制大比例尺地形图的综合性教学实训，能使每个学生熟悉控制测量、碎步测量及视距测量外业与内业作业的全过程，掌握根据测量规范，利用各种手段和技术进行数据采集与数据处理的基本方法与技能。本项实训进一步锻炼了学生对水准仪、经纬仪及全站仪等测量仪器的操作能力，使学生更加熟练掌握各种测量仪器在测量工作中的应用和使用方法。本项综合性实训可在专门的实训场地进行，也可视具体情况结合生产实训进行。本项实训的主要目的为：

(1)巩固和加深课堂所学理论知识，培养学生理论联系实际和实际动手的能力。

(2)熟练掌握常用测量仪器(经纬仪、全站仪)的使用。

(3)掌握常用仪器的简单必要检校方法。

(4)掌握导线测量、碎步测量、四等水准测量的观测和计算方法。

(5)了解数字测图的基本程序及相关软件的应用。

(6)通过完成测量实际任务的锻炼，提高学生独立从事测绘工作的计划、组织与管理能力，培养学生良好的专业品质和职业道德，达到综合素质培养的教学目的。

二、实训任务

以控制测量、碎步测量及视距测量为主绘制大比例尺地形图的综合性教学实训，需完成以下实训任务：

(1)采用导线测量完成小地区平面控制测量。

(2)采用普通水准测量完成小地区高程控制测量。

(3)采用碎步测量的方法完成小地区碎步点的观测。

(4)整理外业工作数据，完成内业计算。

(5)根据内业计算成果，绘制小地区大比例尺地形简图。

(6)整理实训材料，提交实训报告。

三、实训安排及工具

(1)安排：每实训小组由 4～5 人组成，选一名小组长，小组长负责全组的实训安排和管理。

(2)每个实训小组设备有：全站仪 1 套、经纬仪 1 套、水准仪 1 套、钢尺 1 把、水准尺 2 根、花杆 2 根、垂球 1 个。自备有关的记录、计算表和图纸。

四、教学要求

(1)为保证实训质量，要求教师在布置实训任务时，根据实训场地的特点有差异地布置。

(2)根据实训任务的内容，要求学生的计算书内容应清晰完整。包括测量数据整理及导线内业计算；导线测量小地区平面控制测量、小地区高程控制测量、小地区碎步点的观测、绘制小地区大比例尺地形简图和各种施测简图、测量过程及计算记录。最后填写好实训报告，上交实训指导教师。

(3)为保证实训质量，要求各项实训数据满足各自的精度要求。

(4)实训要在教师指导下进行，并要注意开发和调动学生的创新能力，培养学生对所学相关专业知识的综合应用能力和独立工作能力。

(5)每小组由小组长负责小组成员的安全及保护好仪器、按时交还仪器。

五、实训任务及内容

任务一：

如图 4-7-1 所示，选择观测场地内比较有代表性的 3～4 个建筑物进行碎步测量，并观测场地内地貌：道路、草坪、广场、花园、池塘等。利用导线测量所测得的控制点作为测站点，观测至少 5 个测站，每个测站周围 5 个碎步点。记录观测数据，整理地形碎步点测量手簿(表 4-7-1)。

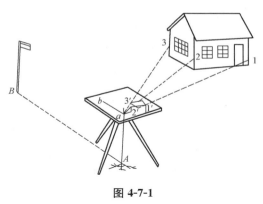

图 4-7-1

【特别提示】

(1)视距不宜过长；

(2)碎步点的密度要适当；

(3)测图各环节要勤检查。

表 4-7-1　地形碎步点测量手簿

测站 1　后视点　　仪器高 $i=$　　m　测站高程 $H_1=$

点号	尺间隔 /m	中丝读数 /m	竖盘读数	竖直角	初算高差 /m	改正数 /m	改正后高差 /m	水平角	水平距离 /m	测点高程 /m
1										
2										
3										
4										
5										

测站 2　后视点　　仪器高 $i=$　　m　测站高程 $H_2=$

点号	尺间隔 /m	中丝读数 /m	竖盘读数	竖直角	初算高差 /m	改正数 /m	改正后高差 /m	水平角	水平距离 /m	测点高程 /m
1										
2										
3										
4										
5										

测站 3 后视点   仪器高 $i=$ m   测站高程 $H_2=$

点号	尺间隔/m	中丝读数/m	竖盘读数	竖直角	初算高差/m	改正数/m	改正后高差/m	水平角	水平距离/m	测点高程/m
1										
2										
3										
4										
5										

测站 4 后视点   仪器高 $i=$ m   测站高程 $H_2=$

点号	尺间隔/m	中丝读数/m	竖盘读数	竖直角	初算高差/m	改正数/m	改正后高差/m	水平角	水平距离/m	测点高程/m
1										
2										
3										
4										
5										

测站 5 后视点   仪器高 $i=$ m   测站高程 $H_2=$

点号	尺间隔/m	中丝读数/m	竖盘读数	竖直角	初算高差/m	改正数/m	改正后高差/m	水平角	水平距离/m	测点高程/m
1										
2										
3										
4										
5										

任务二：

绘制 A2 图幅地形图，比例在 1∶100～1∶500 之间。按要求认真绘制观测场地的建筑物、道路、河流、草地及地面高低起伏情况。图纸要清晰整洁，图线要粗细均匀，图例要准确，大小要适中。

参 考 文 献

［1］杨凤华. 建筑工程测量[M]. 北京：北京理工大学出版社，2010.

［2］杨凤华. 建筑工程测量实训[M]. 北京：北京大学出版社，2011.

［3］李仲. 工程测量实训教程[M]. 北京：冶金工业出版社，2005.

［4］肖飞，等. 建筑工程测量实训与实习指导[M]. 北京：北京理工大学出版社，2013.

［5］尹继明. 工程测量实训指导[M]. 重庆：重庆大学出版社，2010.

［6］杨建光. 道路工程测量实训指导书[M]. 北京：测绘出版社，2010.

［7］李向民. 建筑工程测量实训[M]. 北京：机械工业出版社，2011.

［8］弓永利. 建筑工程测量实训[M]. 武汉：武汉大学出版社，2013.